中國家族企業社會責任的經驗研究

基於家族涉入視角的分析

周立新 著

財經錢線

前言
Preface

　　本書力圖以翔實、規範的實證研究來深入揭示轉型經濟背景和儒家文化傳統下的中國家族企業社會責任行為。為此，研究小組花了很多的時間和精力來進行文獻研究和實證研究。文獻研究工作主要是通過圖書館、網絡等查閱了大量的國內外有關家族企業、企業社會責任、家族企業社會責任等相關研究文獻。而實證研究工作則主要分四個方面進行，包括企業訪談調查、預調查、問卷調查及經驗研究（獨立樣本的T檢驗、單因素方差分析、相關分析、因子分析、多元迴歸分析、典型案例分析等）。其中，企業訪談、預調查和問卷調查歷時近一年的時間，作者及項目團隊成員多次深入浙江和重慶兩省（市），走訪了大量的民營家族制企業和有關政府部門，廣泛聽取有關民營企業家、相關領域專家和政府部門的意見和建議。最終完成了本書。

　　本書主要由七部分構成，具體包括：

　　第1章，導論。主要是提出本書所要研究的問題，闡述國內外研究現狀、理論基礎、研究思路與方法、本書結構與主要

觀點。

第2章，中國家族企業社會責任的測量。利用351家樣本家族企業的調查數據，採用理論分析、因子分析（探索性因子分析、驗證性因子分析）等分析方法，探討現階段中國家族企業社會責任意識、家族企業社會責任行為的基本維度與內容及測評指標體系。

第3章，中國家族企業社會責任的基本特徵及比較。利用351家樣本家族企業的調查數據，採用獨立樣本的T檢驗、單因素方差分析等統計分析方法，深入揭示現階段中國家族企業社會責任意識與社會責任行為的基本特徵，並從企業內外部環境角度（涉及地理區域、形成方式、企業經濟類型、企業規模、企業壽命、家族控制程度、企業家特質）進行比較，包括家族企業與非家族企業的比較。

第4章，家族涉入與企業社會責任。利用418家樣本民營企業的調查數據，採用因子分析、多元迴歸分析等統計分析方法，首先比較家族企業與非家族企業社會責任行為表現的差異性；在此基礎上，探討家族權力（家族所有權、家族管理權）、家族經驗（第一代所有或管理）及家族文化（家族承諾文化）對家族企業社會責任行為的主要影響。

第5章，家族企業社會責任與企業績效：內部能力與外部關係的調節效應。利用351家樣本家族企業的調查數據，採用因子分析、多元迴歸分析等分析方法，在將家族企業社會責任區分為內部人責任、外部人責任和公共責任的基礎上，實證檢驗了家族企業社會責任與企業績效關係以及家族企業的內部能力和外部關係的調節效應。

第6章，家族企業社會責任與員工組織認同：家族所有權與家族承諾的影響。利用351家樣本家族企業調查數據，實證檢驗了家族企業社會責任與員工組織認同關係以及家族所有權和家族承諾的影響。

第7章，典型案例。涉及宗申產業集團有限公司、力帆實業（集團）股份有限公司、重慶陶然居飲食文化（集團）有限公司、重慶德莊實業（集團）有限公司、重慶周君記火鍋食品有限公司案例五個典型案例，較系統深入地描述了這五個典型家族企業的社會責任意識與行為表現。

本研究對中國家族企業社會責任研究具有重要的推進。之前國內學術界缺少專門針對中國家族企業社會責任領域的相關研究成果，而有關中國不同地區家族企業社會責任的較大樣本的經驗研究成果更是空白。本書特色與創新之處集中體現在以下幾個方面：

第一，構建並量化了適合中國家族企業社會責任實踐的家族企業社會責任意識和行為的多維度變量與內容及測評指標體系，為後續研究奠定了堅實基礎。

第二，通過跨地區、跨行業的較大樣本的企業調查和經驗研究，探討了現階段中國家族企業社會責任意識與行為及基本特徵，拓展和豐富了相關學術領域。

第三，分類研究了不同維度的家族涉入變量對家族企業社會責任行為的主要影響，實證了家族性因素是影響現階段中國家族企業社會責任行為的重要變量，彌補了目前國內學術界從家族涉入視角研究中國家族企業社會責任問題的系統性研究成果幾近空白的缺陷。

第四，將家族企業社會責任與企業績效關係放入到家族企業內部能力、外部關係的角度進行分析，實證了家族企業的內部能力、外部關係在家族企業社會責任與企業績效之間起調節作用，表明了家族企業社會責任與企業績效關係存在情境依賴性特徵，從而彌補了目前國內學術界側重於採用理論分析或典型案例分析方法直接探討家族企業社會責任與企業績效關係的研究缺陷。

第五，將家族性特徵與家族企業員工組織認同關係放入到

企業社會責任的視角進行分析，並探討了家族所有權、家族承諾對家族企業員工組織認同的影響，實證了家族承諾是影響家族企業員工組織認同的重要變量，家族企業社會責任在家族承諾與員工組織認同之間起部分仲介作用，家族承諾在家族所有權與家族企業社會責任之間起調節作用，從而彌補了目前學術界側重於直接探討家族性特徵與家族企業員工組織認同關係，並主要停留在家族文化價值觀等因素對家族企業員工組織認同的直接影響等研究缺陷。

本研究得以順利完成，凝結了項目組全體成員兩年多的心血。在此我要特別感謝的是楊良明老師和周鴻勇老師對本研究所做出的重要貢獻：楊良明老師帶領我的研究生完成了重慶地區家族企業的問卷調查任務，周鴻勇老師則承擔了家族企業的問卷調查任務。我的研究生李海燕同學、李福華同學在數據錄入與整理方面也做了大量的工作。

在此，謹向關心支持和幫助過我們的同志們、朋友們、親人們致以衷心的謝意！

本書僅僅是我們對轉型經濟背景和儒家文化傳統下中國家族企業社會責任研究的一個探索性研究成果，還有許多問題值得進一步的深入研究。當然，由於作者自身的學術水準和研究條件的限制，本書可能存在不足之處乃至錯誤之處，責任完全由作者自己承擔，敬請各位專家學者批評指正！

周立新

摘要
Abstract

改革開放三十多年以來，市場化改革的順利發展在很大程度上歸功於民營企業的發展。民營企業的穩健發展和壯大對於中國社會經濟繼續保持這一發展勢頭意義重大。眾多的國內外研究揭示，當前中國的民營企業普遍採取家庭或家族所有、主要家族成員從事企業經營的形式，而且企業內部的管理也廣泛存在著家族制管理的傾向。可以預料，隨著市場化改革的進一步深入，家族企業將會越來越多，值得認真探討。

縱觀國內外家族企業成長史，那些財富能延續下去的家族企業一個共同的特徵就是對企業社會責任的關注。然而近年來頻頻發生的礦難事故、環境污染、工資拖欠、產品質量與食品安全問題等負面報導所涉及的家族企業較多，充分暴露出國內家族企業社會責任感的普遍缺失，影響到中國家族企業的可持續成長與發展。

家族企業作為家族涉入企業所形成的複雜系統，其社會責任意識和行為與一般企業相比可能存在一定的差異性，而不同類型家族企業由於家族涉入維度與內容的差異性，其社會責任意識和行為也可能存在一定的差異性，並進而對家族企業成長可能產生明顯不同的影響。雖然目前學術界對企業社會責任問題已有較多的研究，但有關家族企業社會責任問題的研究則明顯不足，而完全針對中國不同地區家族企業社會責任問題的較大樣本的企業調查和經驗研究（尤其是計量分析研究）更是空白。

為此，本研究以浙江和重慶兩省（直轄市）的家族企業為總體樣本，通過文獻研究和企業調查（企業訪談和企業問卷調查）等手段，借助於理論分析、典型案例分析和統計分析（因子分析、獨立樣本的T檢驗、單因素方差分析、多元迴歸分析）等分析方法，研究現階段中國家族企業社會責任意識和行為的基本維度維度與內容及測評指標體系、家族企業社會責任意識與行為的基本特徵、家族涉入與企業社會責任、家族企業社會責任與企業績效、家族企業社會責任與員工組織認同等關係問題。主要研究內容和結論如下：

第一，中國家族企業社會責任的測量。

實證研究（因子分析、信度分析）揭示，中國家族企業社會責任意識可區分為社會責任收益意識、社會責任成本意識兩個不同的維度；家族企業社會責任行為可區分為內部人（投資者、員工）責任、外部人（債權人、商業夥伴、消費者）責任及公共（環境、社區、法律和倫理）責任三個不同維度。

第二，中國家族企業社會責任的基本特徵及比較。

描述性統計分析（獨立樣本的T檢驗、單因素方差分析、配對樣本的T檢驗）揭示：第一，在家族企業社會責任意識兩個維度中，家族企業社會責任收益意識強於社會責任成本意識；不同地理區域、形成方式、企業規模、家族所有權、家族管理權、企業家文化程度、企業家行業工作經驗的家族企業社會責任意識可能不同。第二，在家族企業社會責任行為三個維度中，家族企業對外部人責任行為表現較好，公共責任次之，內部人責任行為表現最差；在家族企業對外部人責任行為表現的五個子維度中，家族企業對供應商和分銷商責任表現最差，對消費者和債權人責任表現相對較好，對同行競爭者的責任表現最好；在家族企業公共責任行為表現三個子維度中，家族企業對法律和倫理責任表現最好，對環境責任次之，對社區責任

表現最差；在家族企業內部人責任行為表現三個子維度中，家族企業對員工責任表現最好，對投資者責任次之，對企業高管人員責任表現最差；不同地理區域、家族所有權、家族管理權、家族代際傳承情況、企業家年齡結構、企業家文化程度、企業家行業工作經驗的家族企業社會責任行為表現可能不同。第三，家族企業社會責任收益意識、社會責任成本意識強於非家族企業；家族企業對內部人責任、外部人責任和公共責任行為表現也好於非家族企業。

第三，家族涉入與企業社會責任。

實證分析（因子分析、多元迴歸分析）發現：第一，中國家族企業對內部人（投資者、員工）責任、外部人（債權人、商業夥伴、消費者）責任及公共（社區、法律和倫理）責任好於非家族企業。第二，家族所有權對家族企業的內部人（投資者、員工）責任、外部人（消費者）責任有顯著的正向影響，家族管理權對家族企業的外部人（債權人）責任有顯著的正向影響，儘管家族所有權與管理權對家族企業公共責任無顯著的影響，但對環境責任、法律和倫理責任有顯著的正向影響；由創業者所有或管理的家族企業，對外部人（商業夥伴）責任表現明顯好於其他類型家族企業；家族文化對家族企業社會責任各子維度均有顯著的正向影響。

第四，家族企業社會責任與企業績效：內部能力與外部關係的調節效應。

實證研究（因子分析、多元迴歸分析）發現：第一，具有高內部能力（製造能力、吸收能力）的家族企業中，內部人責任對企業績效的影響更大；具有高吸收能力的家族企業中，公共責任對企業績效的影響更小；具有高密度、大範圍關係網絡的家族企業中，外部人責任對企業績效的影響更大。第二，具有高內部能力（製造能力、吸收能力）的家族企業中，內部人責任對企業績效有顯著的正向影響，公共責任對企業績

效有顯著的負向影響，具有低吸收能力的家族企業中，內部人責任對企業績效有顯著的負向影響；具有低密度關係網絡的家族企業中，內部人責任對企業績效有顯著的正向影響，公共責任對企業績效有顯著的負向影響；具有大範圍關係網絡的家族企業中，公共責任對企業績效有顯著的負向影響。

第五，家族企業社會責任與員工組織認同：家族所有權與家族承諾的影響。

實證研究（因子分析、多元迴歸分析）發現：第一，家族所有權對家族企業內部人（投資者、員工）責任、外部人（消費者）責任有顯著的正向影響，儘管家族所有權對公共責任無顯著的影響，但對環境責任、法律和倫理責任有顯著的正向影響；家族承諾在家族所有權與家族企業內部人（投資者、員工）責任、外部人（商業夥伴、消費者）責任和公共（環境）責任之間起正向調節作用。這表明，在家族「強承諾」的家族企業中，家族所有權對內部人（投資者及員工）責任、外部人（商業夥伴及消費者）責任、公共（環境）責任的正向影響更大。第二，家族承諾對家族企業員工組織認同有顯著的正向影響。第三，家族企業內部人（投資者、員工）責任、公共（社區）責任對員工組織認同有顯著的正向影響，並在家族承諾與員工組織認同之間起部分仲介作用。

關鍵詞：家族企業；企業社會責任；家族涉入；經驗研究

目錄 Contents

1 導論 /1
1.1 研究問題與意義 /1
1.2 國內外研究現狀 /3
 1.2.1 家族企業社會責任的內涵界定與測量 /6
 1.2.2 家族企業社會責任意識與行為 /8
 1.2.3 家族企業社會責任的影響因素 /10
 1.2.4 家族企業社會責任與組織競爭優勢 /12
1.3 理論基礎 /14
 1.3.1 企業社會責任概念界定 /14
 1.3.2 企業社會責任理論框架演進 /19
 1.3.3 企業社會責任的測量方法 /26
 1.3.4 企業社會責任的影響因素 /33
1.4 研究思路與方法 /36
 1.4.1 研究思路 /36
 1.4.2 研究方法 /37
1.5 本書結構與主要觀點 /48
 1.5.1 本書結構與主要觀點 /48
 1.5.2 本書特色與創新之處 /52

2 中國家族企業社會責任的測量 /54

2.1 文獻綜述 /55
2.1.1 中國企業社會責任的測量 /55
2.1.2 家族企業社會責任的測量 /56

2.2 變量設計 /58
2.2.1 家族企業社會責任意識 /58
2.2.2 家族企業社會責任行為 /59

2.3 效度與信度檢驗 /60
2.3.1 樣本與數據收集 /60
2.3.2 操作變量的描述性統計分析 /60
2.3.3 效度與信度檢驗 /63

2.4 結論與啟示 /69
2.4.1 研究結論 /69
2.4.2 研究啟示 /69

3 中國家族企業社會責任的基本特徵及比較 /71

3.1 引言 /71

3.2 中國家族企業社會責任意識的基本特徵及比較 /72
3.2.1 中國家族企業社會責任意識的基本特徵 /72
3.2.2 中國家族企業社會責任意識的基本特徵比較 /74

3.3 中國家族企業社會責任行為的基本特徵及比較 /82
3.3.1 中國家族企業社會責任行為的基本特徵 /82
3.3.2 中國家族企業社會責任行為的基本特徵比較 /86

3.4 家族企業與非家族企業社會責任意識和行為比較 /104
3.4.1 家族企業與非家族企業社會責任意識的比較 /104
3.4.2 家族企業與非家族企業社會責任行為的比較 /105

3.5 結論與啟示 /106
    3.5.1 研究結論 /106
    3.5.2 研究啟示 /109

4 家族涉入與企業社會責任 /112

4.1 引言 /112
4.2 理論分析與研究假設 /114
    4.2.1 家族企業與非家族企業社會責任行為比較 /114
    4.2.2 家族涉入對家族企業社會責任行為的影響 /115
4.3 研究方法 /117
    4.3.1 樣本與數據收集 /117
    4.3.2 變量選取與測量 /117
4.4 實證分析與結果 /121
    4.4.1 描述性統計分析及相關分析 /121
    4.4.2 假設檢驗 /123
4.5 結論與啟示 /128
    4.5.1 研究結論 /128
    4.5.2 研究的理論意義與實踐意義 /129
    4.5.3 局限性及有待進一步深入研究的問題 /130

5 家族企業社會責任與企業績效：內部能力與外部關係的調節效應 /131

5.1 引言 /131
5.2 理論分析與研究假設 /133
    5.2.1 內部能力的調節作用 /135
    5.2.2 外部關係的調節作用 /136

5.3 研究方法 /138

    5.3.1 樣本與數據收集 /138

    5.3.2 變量選取與測量 /138

5.4 實證分析與結果 /140

    5.4.1 描述性統計分析及相關分析 /140

    5.4.2 假設檢驗 /142

5.5 結論與啟示 /147

    5.5.1 研究結論 /147

    5.5.2 研究的理論意義與實踐意義 /148

    5.5.3 局限性及有待進一步深入研究的問題 /150

6 家族企業社會責任與員工組織認同：家族所有權與家族承諾的影響 /151

6.1 引言 /151

6.2 理論分析與研究假設 /153

    6.2.1 家族所有權、家族承諾與家族企業社會責任 /153

    6.2.2 家族所有權、家族承諾與家族企業員工組織認同 /154

    6.2.3 家族企業社會責任與員工組織認同 /156

6.3 研究方法 /157

    6.3.1 樣本與數據收集 /157

    6.3.2 變量選取與測量 /157

6.4 實證分析與結果 /159

    6.4.1 描述性統計分析及相關分析 /159

    6.4.2 假設檢驗 /161

6.5 結論與啟示 /167

  6.5.1 研究結論 /167

  6.5.2 研究的理論意義與實踐意義 /168

  6.5.3 局限性及有待進一步深入研究的問題 /169

7 典型案例 /171

7.1 宗申產業集團有限公司 /171

  7.1.1 宗申產業集團有限公司簡介 /171

  7.1.2 宗申集團的社會責任觀 /174

7.2 力帆實業（集團）股份有限公司 /180

  7.2.1 力帆實業（集團）股份有限公司簡介 /180

  7.2.2 力帆集團的社會責任觀 /183

7.3 重慶陶然居飲食文化（集團）有限公司 /188

  7.3.1 重慶陶然居飲食文化（集團）有限公司簡介 /188

  7.3.2 陶然居集團的社會責任觀 /189

7.4 重慶德莊實業（集團）有限公司 /194

  7.4.1 重慶德莊實業（集團）有限公司簡介 /194

  7.4.2 德莊集團的社會責任觀 /195

7.5 重慶周君記火鍋食品有限公司 /203

  7.5.1 重慶周君記火鍋食品有限公司簡介 /203

  7.5.2 周君記的社會責任觀 /205

7.6 結論與啟示 /207

    7.6.1 研究結論 /207

    7.6.2 研究啟示 /209

參考文獻 /212

附錄：企業調查問卷 /231

1

導論

1.1 研究問題與意義

改革開放三十多年以來，中國市場化改革的順利發展在很大程度上歸功於民營企業的發展。民營企業的穩健發展壯大對於中國社會經濟繼續保持這一發展勢頭意義重大。眾多的國內外研究揭示，當前中國的民營企業普遍採取家庭或家族所有、主要家族成員從事企業經營的形式，而且企業內部的管理也廣泛存在著家族制管理的傾向。可以預料，隨著市場化改革的進一步深入，家族企業將會越來越多，其未來成長也將日益成為中國社會經濟活動的重要方向，值得認真探討。

縱觀國內外家族企業成長史，那些財富能延續下去的家族企業一個共同特徵就是對企業社會責任（Corporate Social Responsibility）的關注。然而近年來頻頻發生的礦難事故、環境污染、工資拖欠、產品質量與食品安全問題等負面報導所涉及的家族企業較多，充分暴露出國內家族企業社會責任感的普遍缺失，影響到中國家族企業的可持續成長與發展（陳凌、魯莉劼、朱建安，2008）。

○ 中國家族企業社會責任的經驗研究：基於家族涉入視角的分析

　　家族企業是家族涉入（Family Involvement）企業所形成的複雜系統（蓋爾希克等，1998），家族作為獨特的社會組織在企業組織中的嵌入及企業主要的最終控制人，對家族企業社會責任意識與行為可能產生重要的影響（Déniz & Suárez, 2005; Dyer & Whetten, 2006; Niebm, Swinney & Miller, 2008; Bingham et al., 2011），而不同類型家族企業由於家族涉入維度與內容的差異性（Chua, Chrisman & Sharma, 1999; Klein, Astrachan & Smyrnios, 2005），其社會責任意識與行為也可能存在一定的差異性（Déniz & Suárez, 2005; Dyer & Whetten, 2006; Bingham et al., 2011），並進而對家族企業成長可能產生明顯不同的影響（Graafland, 2002; Niebm, Swinney & Miller, 2008; O'Boyle, Matthew & Pollack, 2010）。雖然目前學術界對企業社會責任問題已有較多的研究，但是有關家族企業社會責任問題的研究則明顯不足（Gallo, 2004），而完全針對中國不同地區家族企業社會責任問題的較大樣本的企業調查和經驗研究（尤其是計量分析研究）更是空白。

　　本研究的理論價值是：第一，構建並量化適合中國家族企業社會責任實踐的基本維度與內容及測評指標體系，為後續研究奠定堅實基礎；第二，歸納總結現階段中國家族企業社會責任意識與行為表現的基本特徵，並加以適當的分析比較；第三，探討不同維度的家族涉入變量對家族企業社會責任的主要影響及影響機制、家族企業社會責任對家族企業成長的主要影響及影響機制。本研究試圖彌補目前學術界有關中國家族企業社會責任問題的系統性經驗研究成果嚴重不足的缺陷，為比較全面系統地評價現階段中國家族企業社會責任實踐及家族影響提供實證依據。

　　本研究的實際應用價值是：第一，本研究成果可直接為不同規模和發展速度的中國家族企業社會責任實踐及家族企業提高持續成長能力提供理論指導與操作模式；第二，為各級政府

部門引導本地家族企業履行社會責任、促使家族企業可持續成長與發展提供科學的決策依據和應對措施。

1.2 國內外研究現狀

　　家族企業是世界各國歷史上最早出現的企業組織形式，然而家族企業研究作為工商管理的一個重要分支，在國際學術界長期受到漠視，該狀況持續到20世紀80年代中後期才有所改變。1988年，伴隨著研究家族企業的專業性學術期刊《家族企業評論》（*Family Business Review*）的出版發行，學術界才開始用更多的篇幅刊登一些有關家族企業研究的文章。但與其他領域相比，除了工商管理中有關家族企業的案例分析外，在主流經濟學和管理學的雜誌上有關家族企業的研究文獻還比較罕見（Dyer & Handler, 1994; Bird et al., 2002）。近年來，歐美國家的一些學者力圖通過有關家族企業的研究、教學和諮詢，逐漸建立相對獨立的、主要針對家族企業的學術研究領域、專業設置和職業協會，以吸引更多的研究者和學者進入這一領域，並最終得到產業界的認同和參與。目前有關家族企業的期刊和研究文獻逐漸增多，除了《家族企業評論》以外，代表性學術期刊如《創業理論與實踐》（*Entrepreneurship Theory and Practice*）、《家族企業戰略雜誌》（*Journal of Family Business Strategy*）、《小企業管理雜誌》（*Journal of Small Business Management*）、《企業風險投資雜誌》（*Journal of Business Venturing*）、《小企業經濟》（*Small Business Economics*）、《創業與地區發展》（*Entrepreneurship and Regional Development*）等；有關家族企業的研究視野也更為開闊，包括家族企業代際傳承、職業化管理、戰略管理與組織變化、創業與創新、人力資源管理、國際化與全球化、家族企業社會責任與倫理、家族企業治

理、非個人的家族動態性、家族內部衝突、財務管理與資本市場、女性在家族企業中的作用等問題都成為家族企業的研究主題（Benavodes – Velasco, Quintana – Garica & Guzman – Parra, 2011）；在研究方法上，除了繼續保持跨學科研究和跨文化比較研究以外，現在人們更加強調充分運用主流經濟學的研究方法，如數理模型、較大樣本的企業調查和計量分析等分析方法（Dyer & Handler, 1994；Bird et al., 2002）。

長期忽視對家族企業的研究是國內外學術界的一個共同缺陷。過去人們普遍認為，家族企業只是經濟發展過程中的一個階段，在經歷了管理革命（Managerial Revolution）以後，家族企業將成為一種過時的企業模式而遭到唾棄（錢德勒，1987）。然而人們發現，即使是在現代大型企業策源地的美國，家族企業仍然大量存在，它們創造了美國GDP的重要部分，同時也創造了大量的就業機會。其他發達國家如英國、日本、德國等，家族企業也占據舉足輕重的地位。在中國，家族企業似乎一直很有市場。翻開任何一本研究中國企業史的著作就可以得知，在現代中國企業史一開始，中國人興辦的企業組織形式就是家族式的，這種現象在改革開放後的現在仍然如此。改革開放三十多年以來，中國家族企業有了長足的發展。《中國家族企業發展報告》（2011）揭示，若以廣義家族企業定義（即個人或家族擁有50%及以上控股權的經營單位），目前中國85.4%的私營企業是家族企業；若以狹義家族企業定義（即不僅有50%及以上的控股權，還要家族參與管理），中國55.5%的私營企業是家族企業。家族企業的發展事實上有效地促進了中國國民經濟的發展，緩解了現階段中國日益嚴重的就業壓力。

家族企業由於家族系統與企業系統的相互作用和動態性而具有獨特的行為特徵（Chua, Chrisman & Sharma, 1999），如

家族企業具有長期發展與傳承的導向、關注組織聲譽、尊重傳統和家族價值觀、持續性和一體化的管理政策等。家族企業獨特的行為特徵導致其社會責任意識和行為與一般企業相比可能存在一定的差異性，如家族企業傾向於與企業雇員和客戶有一個更私人化的關係（Donckels，1998），家族企業中所有者家族員工比非家族員工享有更快的晉升機會、增大的責任（Beehr, Drexler & Faulkner，1997）、更高的地位、工作安全性和靈活性（Cromie & Sullivan，1999），家族企業更加關心所提供產品和服務的質量，並致力於滿足消費者的期望（Lyman，1991）。雖然目前國內外學術界對企業社會責任問題已有較多的研究，但有關家族企業社會責任問題的研究卻明顯不足（Gallo，2004）。儘管早在20世紀60年代美國學者Donnelley（1964）在探討家族企業的基本特徵時就首次涉及了家族企業的社會責任問題，但直到20世紀80年代末至90年代初期，學術界才開始關注家族企業的社會責任問題，而把家族企業社會責任作為一個重要的學術問題來研究則始於21世紀初。2002年，全球最主要的家族企業國際組織「家族企業網絡」（Family Business Network）在第13屆年會上提出「家族企業的未來：價值與社會責任」（The Future of Family Business：Values and Social Responsibilities）的討論主題之後，家族企業社會責任問題才逐步進入學者們的研究視野[1]。總體上看，目前國外學術界有關家族企業社會責任問題的研究集中於家族企業社會責任的內涵界定與測量、家族企業社會責任意識與行為、家族企業社會責任的影響因素、家族企業社會責任與組織

---

[1] 這其中的原因可能有兩點：一是學術界對家族企業研究的長期漠視，事實上，將家族企業作為一個獨立的學術問題來研究始於20世紀末。二是人們普遍認為，大型企業更具有接受甚至主動承擔社會責任的傾向，而中小企業由於實力較弱更具有追求短期利益的衝動。家族企業以中小企業為主體，其社會責任問題的研究不具有普遍和現實意義。

競爭優勢之間的關係等問題的討論，研究方法則強調運用主流經濟學的計量分析和典型案例分析等分析方法；而國內學術界則主要以私營（或民營）企業為研究對象（姜萬軍、楊東寧、周長輝，2006；陳旭東、餘遜達，2007），專門針對家族企業的研究成果還很少，研究主題與國外學術界類似，但研究方法則以理性判斷、典型案例分析等分析方法為主，缺少基於較大樣本的計量分析研究。

1.2.1 家族企業社會責任的內涵界定與測量

科學地界定家族企業社會責任的內涵並對其進行實證測量，是家族企業社會責任研究領域的基礎性工作，也是目前國內外學術界在家族企業社會責任研究領域相對忽視的一個研究主題。

關於家族企業社會責任的測量，現有研究基本上是借用西方一般企業社會責任的量化方法並對其進行實證測量。如Gallo（2004）基於44位從事家族企業研究和諮詢專家的問卷調查發現，家族企業社會責任包括創造經濟財富、為社會提供有益產品和服務、支持員工全面發展、確保企業持續經營四種內部社會責任以及對教育的支持、環境保護、對恐怖主義的抑製作用、對法律的蔑視等外部社會責任，其中，創造經濟財富、為社會提供有益產品和服務是家族企業履行內部責任較好的兩項，而在支持員工全面發展以及企業的持續經營方面的內部責任則相對做得不夠，對環境的保護和對教育的支持是家族企業履行外部社會責任較好的兩項，對恐怖主義的抑製作用和對法律的蔑視等外部社會責任則做得最差；Déniz 和 Suárez（2005）採用 Quazi 和 O'Brien（2000）的一般企業社會責任模型，通過對112家西班牙家族企業的實證研究，將家族企業社會責任區分為狹義的社會責任（即社會責任成本）和廣義的社會責任（即社會責任收益）兩個維度；Dyer 和 Whetten

（2006）、Bingham 等（2011）採用 KLD（Kinder, Lydenberg & Domini）的社會責任評價方法，將家族企業社會責任劃分為社區、差異性、就業、環境、非美國營運環境、產品和其他等維度；Niebm、Swinney 和 Miller（2008）將處於農村社區小型家族企業的社會責任區分為社區承諾、社區支持和社區意識三個維度，並指出這三個維度解釋了 43% 的農村社區小型家族企業社會責任的變化。

需要指出的是，由於不同的社會文化背景和制度安排下個人和組織對企業社會責任內涵認同的差異性，中國家族企業社會責任內涵與西方國家可能不同。有關中國家族企業社會責任的內涵界定與實證測量問題，目前國內學術界的研究幾近空白。儘管有極少數學者從定性角度探討了中國家族企業社會責任的內涵與主要內容，但這些研究沒有對中國家族企業社會責任的內涵與主要內容進行實證測量。如鄭奇磷和趙秦蓮（2004）指出，家族企業社會責任的對象及內容涉及對員工、消費者、政府和社會的責任四個不同方面。劉江（2008）從內外兩個方面指出了家族企業社會責任的主要內容：其一，內部責任，保證投資者的投入能夠獲得合理的回報，保持企業的成長發展，保證非家族成員股東和小股東利益不受侵害，合理安排員工的勞動報酬、福利待遇、工作時間及工作環境，關心員工的安全健康、精神狀況，提供發展機會；其二，外部責任，關注顧客需要，保證產品安全和質量，向顧客傳達有關產品的真實信息，對人身或財產受到損害的顧客履行賠償責任，不詆毀競爭者的產品和聲譽，自覺遵守和維護本行業的競爭秩序，維護市場的有序發展，提供就業機會，保證社區居民正常的生活環境，資助社團和慈善事業等。李紅岩和李玉華（2010）認為，家族企業社會責任是指家族企業在其自身經營發展過程中，必須為自己經營所產生的社會和環境等問題負責的義務，即企業在追求利潤之外還要相應地擔負起對環境和社

會發展等各利益相關者的責任。

1.2.2 家族企業社會責任意識與行為

家族企業社會責任意識與行為表現，是目前國內外學術界有關家族企業社會責任研究領域的重要主題之一。圍繞該主題的實證研究大致形成了以下兩種基本的觀點：

第一，相對於非家族企業，家族企業能夠更好地履行社會責任（Ylvisaker, 1990; Danco & Ward, 1990; Graafland, 2002; Godfrey, 2005; Dyer & Whetten, 2006; Matos & Torraleja, 2007; Bingham et al., 2011）。如 Ylvisaker（1990）發現，家族企業對於慈善給予顯著的考慮；Danco 和 Ward（1990）指出，家族企業常常在組織內部建立慈善機構以促進員工的社會目標；Graafland（2002）對荷蘭家族企業的實證研究發現，員工低於 100 人的小型家族企業比非家族企業更加關心社會責任；Godfrey（2005）指出，出於保持良好社會形象的考慮，家族企業和家族所有者會傾向於更好地履行社會責；Dyer 和 Whetten（2006）對 S&P 500 中 261 家家族企業的實證研究發現，家族企業可能比非家族企業會更好地履行社會責任，因為家族與企業財產的緊密聯繫，使得家族更致力於保護家族和企業財產，從而更加關心企業的形象與聲譽；Matos 和 Torraleja（2007）揭示，家族企業的某些組織文化，如企業家庭文化，把員工當成一家人等，使其傾向於履行內部和外部社會責任；Bingham 等（2011）指出，家族企業具有長期發展與傳承導向，趨向於採用關係取向和集體主義認同取向，因而更加關心利益相關者的利益，顯示出較高的社會責任行為。

第二，相對於非家族企業，家族企業是不負責任的社會行為者（Banfield, 1958; Margolis & Walsh, 2003; Morck & Yeung, 2004; Li & Zhang, 2010）。如 Banfield（1958）在《落後社會的道德基礎》（*The Moral Basis of a Backward Society*）

一文中，描述了義大利南部山村一種他稱之為「非道德性的家族主義（Amoral Familism）」的現象，他強調這些地區的家族通常不能與其他家族合作以建立良好的社會秩序，這在很大程度上是由於這些家族和外部家族之間缺乏相互信任，因而這些地區家族行為的基礎是自利。在家族企業中，「非道德性的家族主義」的動態性表明所有者家族由於強調自利可能是不負責任的社會行為者；Morck 和 Yeung（2004）對 27 個大型工業化國家的家族企業集中度與社會進步（涉及經濟發展、物質基礎設施、健康關心、教育、政府質量、收入不平等程度）關係的實證研究發現，那些大企業由大商人家族控制的國家在多個維度更落後，如他們提供更壞的基礎設施、更差的健康關心和教育、更不負責任的宏觀經濟政策等。

需要強調的是，有關中國家族企業社會責任意識與行為表現，目前國內學術界一種主導性的觀點認為，中國家族企業社會責任總體水準低下，普遍缺乏社會責任感。例如，鄭奇磷和趙秦蓮（2004）認為，受「家族主義」的影響和束縛，中國家族企業社會責任觀念模糊、淡薄，總體來講缺乏社會責任感。具體體現在：不注重履行甚至侵害消費者的利益；不重視員工的利益要求，無視員工的合法權益；不執行甚至破壞法人應遵守的法律、法規，擾亂市場秩序；不保護甚至破壞生態環境。陳旭東和餘遜達（2007）對浙江民營企業（以家族企業為主體）的實證研究揭示，當前浙江民營企業的社會責任意識尚處於初級階段，對法律責任的認同高於對倫理責任和慈善責任的認同。陳凌、魯莉劼和朱建安（2008）認為，在民營企業能夠允許存在的二十年中，中國家族企業基本上只是解決了一個存在問題，它們主要關注的是財富的創造，但同時也承認，國內也有一部分家族企業開始考慮除了經濟價值之外的價值，不僅關心創造財富，更關心自己辛勤獲得的財富如何能夠找到最好的歸宿。馬麗波、張健敏和呂雲杰（2009）指出，

中國本土家族企業生命週期短暫，造成這種短生命週期的原因是多方面的，但是家族企業普遍缺乏社會責任感是其中之一。但也有極少數學者指出，中國家族企業比非家族企業具有更好的社會責任意識和行為表現。如張彤（2011）對中國滬深兩市上市家族公司的實證研究發現，中國上市家族公司整體的社會責任履行狀況好於非家族企業，家族企業的所有者和管理者傾向於履行更多的社會責任，包括創造經濟財富、維護債權人利益、依法納稅、為社會提供產品和服務等，張彤（2011）同時也發現，家族企業在支持員工全面發展方面做得還遠遠不夠。李紅岩和李玉華（2010）認為，家族企業的「家族主義」特徵使其更容易整合內部力量，開展社會責任運動，並且可以更好地履行對員工的責任，保障職工權益；家族企業對市場需求和生存環境反應的靈敏度與較強適應性，使其更易於接受社會責任理念，更好地履行創造財富及向市場傳遞產品的經濟責任，更注重保障消費者權益；家族企業創始人成功之後感恩、回饋故鄉、社區與社會的致富思源情結，有利於家族企業履行對社區、社會的環保責任和慈善公益責任。

1.2.3　家族企業社會責任的影響因素

對於究竟是什麼因素影響了家族企業社會責任意識和行為，這是目前國內外學術界有關家族企業社會責任研究領域的另一重要主題。類似於一般企業社會責任影響因素的探討，圍繞該主題的研究也主要從個體、組織和社會三個層面的相關因素進行分析，並取得了較豐富的研究成果：

第一，個體層面的分析，主要討論家族企業家的性別、年齡和文化程度等人口統計特徵的影響（Besser & Miller, 2001; Godfrey, 2005; Niebm, Swinney & Miller, 2008）。如 Besser 和 Miller（2001）發現，企業主/管理者的人口統計特徵（年齡、婚姻狀況、是否有 18 歲以下的孩子、教育水準等）對小

型企業社會責任有顯著的影響；Godfrey（2005）指出，家族企業中女性經理人員比男性經理人員更易於持有平衡企業利潤和社區關係的價值觀，從而影響企業社會責任行為。

　　第二，組織層面的分析，主要討論企業規模、成長階段和產業屬性（Niebm, Swinney & Miller, 2008；馬麗波、張健敏、呂雲杰，2009）、組織文化（Salvto, 2002；Déniz & Suárez, 2005；左偉、盧瑞華、歐曉明，2008）、組織身分、形象和聲譽（Whetten & Mackey, 2005；Dyer & Whetten, 2006）等因素的影響。如Niebm、Swinney和Miller（2008）發現，企業規模越大的家族企業更可能履行社會責任；馬麗波、張健敏和呂雲杰（2009）指出，處於生命週期的不同階段的家族企業在履行社會責任方面會有系統性差異，並呈現多次輪迴與動態演化的特徵，家族企業履行社會責任隨著家族企業的成長呈現出金字塔式的從底層上升到頂層，從強制性變為非強制性，從低級變為高級的過程，即初創期企業更多承載的是家族責任，成長期的家族企業以提供優質產品滿足消費者的需求為主要責任，並更加關注員工的利益，成熟期的家族企業會承擔更多的慈善捐助等最高層次的社會責任；Salvato（2002）、Déniz和Suárez（2005）指出，家族文化、家族價值觀和家族願景（Family Vision）是不同類型家族企業社會責任導向和行為差異性的重要決定因素；左偉、盧瑞華和歐曉明（2008）對廣東溫氏家族企業集團的案例研究發現，企業創始人的信念、價值觀（往往體現為家族價值觀）及過去經歷為形成責任型家族企業奠定了基礎；Godfrey（2005）指出，由於在關鍵股東中建立良好聲譽可以作為一種社會保險形式，保護處於風險中的家族企業和家族資產，出於企業形象的考慮，家族企業和家族所有者會傾向於更好地履行社會責任；Whetten和Mackey（2005）指出，組織身分、形象和聲譽是家族企業履行社會責任的重要決定因素，企業（或家族）身分、創造積極形象的

需要以及在股東內部建立良好聲譽的渴望會鼓勵家族企業領導採取負責任的行為方式。

第三，社會層面的分析，主要分析歷史、文化和制度等因素的影響（Morck & Yeung, 2004；Dyer & Whetten, 2006；謝文武、許曉，2010）。如 Morck 和 Yeung（2004）發現，不發達國家和地區的家族企業可能缺少社會責任，因為這些國家和地區的政治法律制度能夠使家族企業為保護家族私利而行賄政府官員，損害社會公共產品；謝文武和許曉（2010）以每股社會貢獻值作為家族企業社會責任行為表現的替代指標，對中國滬市上市家族公司的實證研究發現，家族企業的公司治理環境（法律、市場競爭性、政府回應性）越完善，則家族企業的社會責任行為表現越好。

需要指出的是，有少數學者結合個體和組織層面的影響因素，綜合研究了家族權力、家族文化和家族經驗等家族性因素對家族企業社會責任行為的可能影響（Déniz & Suárez, 2005；Dyer & Whetten, 2006；Niebm, Swinney & Miller, 2008）。如 Déniz 和 Suárez（2005）的實證研究發現，家族企業社會責任導向與行為的差異性更可能是由於企業的家族所有權與管理權、家族代際傳承情況、家族文化與價值觀等家族性因素的影響所致；Dyer 和 Whetten（2006）指出，當家族企業的兩權合一程度越高，家族更可能向企業灌輸其價值觀、身分和認知，從而執行企業社會責任措施的能力就越強。

1.2.4 家族企業社會責任與組織競爭優勢

近年來，學術界有關企業社會責任問題的研究逐漸轉向了企業社會責任與組織競爭優勢和績效之間關係問題的討論，但實證研究並沒有得到一個統一的研究結論。在圍繞家族企業社會責任與組織競爭優勢和績效之間關係問題的研究中，Graafland（2002）的實證發現，家族企業的長期附加值與企業社會

責任顯著正相關；Niebm、Swinney 和 Miller（2008）的實證研究揭示，家族企業社會責任是一種寶貴的資源和戰略管理方式，能夠使家族企業產生明顯的競爭優勢，對處於農村社區的小型家族企業可持續成長做出了積極的貢獻；O'Boyle、Matthew 和 Pollack（2010）的實證研究指出，家族企業的倫理焦點（Ethical Focus）對企業財務績效有顯著的正向影響；文革、史本山和張權林（2009）認為，家族企業承擔企業社會責任與家族企業可持續發展兩者之間是一致的，並且相互促進；張彤（2011）對中國滬深兩市上市家族公司的實證研究也發現，總體上看，中國上市家族公司履行社會責任對其市場價值產生正面的影響，並且這種影響要強於非家族企業；顏節禮和朱晉偉（2011）對榮氏家族企業的實證研究也揭示，包含企業誠信理念（即誠心對待股東、員工、消費者以及社會大眾的信念）和社會責任（即立足社會、企業資源源於社會、企業收益回饋社會的經營意識）在內的企業文化「軟實力」是榮氏家族企業在中國一百多年的經濟發展中始終能夠擺脫各種困局、不斷發展壯大的根本所在。家族企業通過承擔更多的社會責任，可以累積更多的社會資本（Besser & Miller, 2001; Dyer & Whetten, 2006），從而增強家族企業的競爭優勢和可持續發展能力。但是，由於履行社會責任意味著家族企業可能會承擔額外的成本（Déniz & Suárez, 2005），從而短期內不利於家族企業競爭優勢和績效的提升，尤其是處於對創業和成長初期的家族企業的不利影響可能會更加突出。

不可否認，目前學術界有關家族企業社會責任意識與行為、家族企業社會責任的影響因素、家族企業社會責任與組織競爭優勢等問題所得出的不一致的結論，與研究中所選樣本和研究方法的差異性可能存在一定的關係；此外，研究結論的差異性與所選樣本家族企業所具體嵌入的社會經濟制度和文化環境等社會特徵的差異性也可能存在緊密的關係。

總體上看，目前國內外學術界有關中國家族企業社會責任問題的經驗研究尚處於初期探索階段，現有研究成果至少存在以下不足：第一，研究對象集中在對發達國家和地區及浙江、廣東等中國大陸民營經濟發達地區家族企業社會責任問題的研究，或上市家族公司社會責任問題的研究；第二，有關家族涉入與家族企業社會責任關係問題的研究成果，主要是討論家族文化與價值觀、家族所有權與管理控制權等因素對家族企業社會責任行為的可能影響，但家族對企業的涉入包括家族權力、家族文化、家族經驗等維度和內容，家族代際傳承意願和傾向等家族經驗也可能影響家族企業社會責任行為（Déniz & Suárez, 2005）；第三，研究方法大多採用理性判斷和典型案例分析，明顯缺乏建立在調查數據基礎上系統深入的實證研究成果。

1.3 理論基礎

1.3.1 企業社會責任概念界定

企業社會責任概念最早由英國學者 Sheldon（1924）在《管理的哲學》（The Philosophy of Management）一書中提出，他認為企業的目標不僅僅是生產產品，還要履行社會責任，即滿足企業內外部人們的各種需要。社會責任包含道德因素，社區利益高於企業贏利，道德因素在企業社會責任中占據了十分重要的位置。但是 Sheldon（1924）的觀點一直沒有引起足夠的關注。直到 1953 年 Bowen 出版其劃時代的著作《商人的社會責任》（*Socail Responsibility of the Businessman*）一書，標誌著現代企業社會責任概念構建的開始。Bowen（1953）指出，商人的社會責任是指「商人有義務按照社會期望的目標和價

值觀制定政策，作出決策或採取行動」。Bowen（1953）的企業社會責任定義有兩個明顯的特點：其一，社會責任討論的主體是商人；其二，社會責任的標準是社會的目標與價值觀。Bowen（1953）對企業社會責任的定義成為企業社會責任研究的基礎。此後，關於企業社會責任的研究不斷增加，有關企業社會責任的定義和內涵的研究也日益豐富。由於 Bowen 在此方面做出的重要學術貢獻，因此被另一位研究企業社會責任問題的著名學者 Carroll（1999）推崇為「現代企業社會責任之父」。

目前，學術界有關企業社會責任的定義依然層出不窮，至今依然沒有得出一個統一的、定義明確的企業社會責任概念，這與不同的社會文化背景和制度安排下個人和組織對企業社會責任概念認同的差異性等可能存在很大的關係。概括起來，目前國內外學術界有關企業社會責任的定義大體可以劃分為狹義企業社會責任概念和廣義企業社會責任概念兩大陣營。

狹義企業社會責任觀點主要以堅守傳統經濟理論的一批學者為代表。如 Friedman（1962）提出，「在自由的經濟中，企業有且僅有一種社會責任——只要它處在游戲規則之中，也就是處在開放、自由和沒有詐欺的競爭中，那就是使用其資源並從事經營活動以增加利潤。」Manne 和 Wallich（1972）也是持狹義企業社會責任觀點的代表性人物，他認為企業社會責任應該包括三個要素：第一個要素是，企業社會責任支出給企業帶來的邊際回報雖然低於其他支出的回報，但並不意味著企業會賠錢，只是比其他活動少賺了些錢；第二個要素是，企業從事社會責任活動必須是自願的，那些擔心違反法律而採取的社會行為動機是為了避免更大的成本，因此與利潤最大化的目標並不矛盾；第三個要素是，企業社會責任行為必須是企業真實的支出而非個人行為，借助於企業渠道進行的個人慈善捐贈不能納入企業社會責任之中。

狹義企業社會責任觀的共同特點是：完全站在經濟分析的角度來詮釋企業社會責任概念，僅僅考慮回報、成本、稅收和利潤等經濟因素，忽略了其中無形的、難以度量的非經濟因素。自20世紀70年代之後，狹義的企業社會責任觀點逐步讓位於廣義的企業社會責任概念。

在廣義企業社會責任概念中，影響最大的兩種定義框架分別是Carroll（1979）的企業社會責任的四責任概念框架和利益相關者概念框架。前者根據責任屬性對企業社會責任進行劃分，後者根據責任對象對企業社會責任進行劃分。Carroll（1979）指出，企業社會責任是指「社會在一定階段對於組織的包涵經濟、法律、道德和自主意願等多方面的期待」，即將企業社會責任劃分為經濟責任（Economic Responsibility）、法律責任（Legal Responsibility）、倫理責任（Ethical Responsibility）、自願責任（Discretionary Responsibility）（後改為「慈善責任」）[①]，其中，經濟責任是企業對生產、取得利潤及滿足消費者需求等所負的責任，法律責任是企業履行經濟責任時必須守法，倫理責任是企業經營活動必須符合社會準則、規範和價值觀，自願責任表示企業自願承擔但在倫理責任中沒有明確提出期望的責任如慈善捐贈行為等。Carroll（1979）認為，這四部分責任不是等量齊觀的。Carroll（1991）進一步提出了「企業社會責任的金字塔」模型，即經濟責任位於四責任結構模型的最底部，依次向上是法律責任、倫理責任和自願責任（或慈善責任）。儘管Carroll並沒有在金字塔模型中明確區分強制性的責任和自願性的責任，各層次責任的內涵和外延也存在部分重疊，但他的研究為後來的學者和實踐者提供了一個很詳盡的社會責任分類框架。

---

① 1991年，Carroll將自願責任明確界定為慈善責任（Philanthropic Responsibility）。

表 1.1　　　　　　　　　企業社會責任概念界定

作者或機構	定義或基本觀點
Adam Smith (1776)	社會的動力是那些想賺錢的獨立企業，在市場那只「看不見的手」的引導下，為整個社會貢獻服務。
Sheldon (1924)	企業社會責任包含道德因素，社區利益高於企業贏利。
Bowen (1953)	商人的社會責任：指商人追求商業利益時，同時有義務按照社會期望的目標和價值觀制定政策，作出決策或採取行動。
Davis (1960)	社會責任：企業至少出於直接經濟利益和技術利益以外的原因做出的決策與採取的措施。
Friedman (1962)	在自由的經濟中，企業有且僅有一種社會責任──只要它處在遊戲規則之中，也就是處在開放、自由和沒有詐欺的競爭中，那就是使用其資源並從事經營活動以增加利潤。
McGuire (1963)	企業社會責任的思想，主張企業不僅有經濟和法律方面的義務，而且有這些義務之外的其他社會責任。 McGuire（1963）在其定義之後還進一步列舉了企業具體的社會責任，如企業應該關注政治、社區的利益、教育、員工的幸福，實際上是整個社會的福利。
Johnson (1971)	在企業社會責任概念中開始引入利益相關者概念的雛形。Johnson（1971）認為，具有社會責任的企業是其管理層平衡了多種利益的企業，負責任的企業不應只為股東追求利潤的最大化，還應考慮員工、供應商、經銷商、當地社區以及國家的利益。
美國經濟發展委員會（CED）(1971)	企業社會責任包括三個層次：最內層次是為實現經濟職能的有效運作而產生的清晰的、基本的責任（產品、工作和經濟增長責任等）；中間層次的責任是企業通過敏銳地感知社會價值觀和優先次序的變化來履行經濟功能（環境保護、善待員工、滿足顧客更高的知情期望、公平待遇和安全保護等）；最外層次的責任包括新出現的但尚未確定的責任，企業應當積極承擔更廣泛的責任以改善社會環境（如貧困和城市衰退問題）。 1971 年 6 月，CED 發表《商事公司的社會責任》，列舉了 10 個領域 58 種企業社會責任行為：（1）經濟增長與效率；（2）教育；（3）員工和培訓；（4）公民權與機會均等：（5）城市改建與開發；（6）污染防治；（7）資源保護與再生；（8）文化與藝術；（9）醫療服務；（10）對政府的支持。這些行為又可劃分為兩個基本類別，一是純自願行為；二是非自願性行為，由政府通過激勵機制的引導，或通過法律法規的強制而得以落實。

表1.1（續）

作者或機構	定義或基本觀點
Manne & Wallich（1972）	企業社會責任應該包括三個要素：第一個要素是，企業社會責任支出給企業帶來的邊際回報雖然低於其他支出的回報，但並不意味著企業會賠錢，只是比其他活動少賺了些錢；第二個要素是，企業從事社會責任活動必須是自願的，那些擔心違反法律而採取的社會行為動機是為了避免更大的成本，因此與利潤最大化的目標並不矛盾；第三個要素是，企業社會責任行為必須是企業真實的支出而非個人行為，借助於企業渠道進行的個人慈善捐贈不能納入企業社會責任之中。
Davis & Blomstrom（1975）	社會責任是決策者的義務。決策者在追求自我利益時必須採取行動以保護和促進社會利益。
Carroll（1979）	企業社會責任意指在某一時期社會對組織的經濟、法律、倫理和自主意願的期望，即經濟責任、法律責任、倫理責任和自願責任。 第一，經濟責任是企業的本質特徵。第二，社會希望企業遵守法律。法律是企業運行基本的「游戲規則」。第三，倫理責任表示社會希望企業表現出來的行為或遵守的社會規範。第四，自願責任表示企業自願承擔但在倫理責任中沒有明確提出期望的責任。這取決於管理者和企業的判斷和選擇。這類自願性活動包括慈善捐贈、實施室內的戒毒計劃、為徹底失業者提供培訓等。
Wood（1991）	CSP是由社會責任原則、社會回應過程以及可觀察到的結果三者構成的體系，它們都與社會關係有關聯。
世界銀行	企業社會責任是企業與關鍵利益相關者之間的關係、價值觀、遵紀守法以及尊重人、社區、環境方面的政策和實踐的集合，是企業為改善利益相關者的生活質量而貢獻於可持續發展的一種承諾。
歐盟	公司在資源的基礎上把社會和環境關係整合到它們的經營運作以及它們與其利益相關者的互動中。
聯合國	聯合國提出的企業界《全球契約》，直接鼓勵和促進了「企業生產守則運動」的推行，它要求加入的企業自覺遵守涉及人權、勞工、環保、反腐敗等領域的九項原則。
世界可持續發展商業委員會（WBCSD）（1999）	企業社會責任是企業承諾持續遵守道德規範、為經濟發展做出貢獻，並且改善員工及其家庭、當地社區、社會的生活質量。廣義而言，企業社會責任是指企業對社會合於道德的行為，特別指企業在經營上必須對所有的利益相關者負責，而不只是對股東負責。

資料來源：鄭海東（2007）等。

1.3.2 企業社會責任理論框架演進

國外企業社會責任理論框架的演進，大致可以劃分為三個不同的階段（沈洪濤、沈義峰，2007）。其中，20世紀70年代之前是企業社會責任概念的提出和初步發展階段，被稱為狹義的企業社會責任階段（Corporate Social Responsibility，CSR1）。20世紀70年代之後的企業社會責任研究屬於廣義的企業社會責任階段，包括企業社會回應階段和企業社會績效階段，其中企業社會回應（Corporate Social Responsiveness，CSR2）及企業社會績效（Corporate Social Performance，CSR3）等概念被認為是企業社會責任概念的延伸，屬於廣義的企業社會責任。

（1）第一階段，企業社會責任（Corporate Social Responsibility，CSR1）

該階段主要是圍繞「企業社會責任是什麼」這一理論問題展開討論，最具爭議的問題是，經濟責任與社會責任之間到底是所屬關係還是並行關係。以是否將經濟責任納入企業社會責任概念之中作為判斷依據，學術界分流出狹義企業社會責任與廣義企業社會責任兩種思路。持狹義定義的學者將社會責任視為經濟責任的對立物來界定企業社會責任的內涵，其中最具代表性的學者是McGuiire（1963）。McGuiire（1963）將企業所應承擔的責任區分為經濟責任、社會責任和法律責任三種類型，其中社會責任主要是指企業應該關注政治、社會福利、教育、員工利益及其他社會利益；以Carroll（1979）為代表的部分學者則將企業經濟責任納入企業社會責任的一部分，Carroll（1979）在《公司績效的三維概念模型》一文中提出了企業社會責任的四責任框架，將經濟責任與法律責任、倫理責任、自願責任並列為企業社會責任概念的子維度。

（2）第二階段，企業社會回應（Corporate Social Responsiveness，CSR2）

隨著研究的深入，學術討論的重心從企業社會責任的概念研究轉移到動態的過程研究，即企業社會回應。Preston 和 Post（1975）認為，企業社會回應發生在企業社會化的過程中，企業管理者開始轉變其行為，對參與社會做出回應，包括慈善行為、倫理和程序上的回應以及成員地位。Preston 和 Post（1975）同時提出了「企業社會責任回應矩陣」的概念，從社會問題管理過程和社會回應層次兩個維度評價企業社會責任。Preston 和 Post（1975）將社會問題管理過程劃分為四個階段，即：感知意識到某一社會問題的重要性、分析和計劃、制定相關的內部規定、執行；將企業社會回應從三個層次進行刻畫，即：社會義務、社會責任、社會回應。Wilson（1975）提出了企業社會回應的 RDAP 模式，即反應型（Reactive）、防禦型（Defensive）、適應型（Accommodative）和前瞻型（Proactive）。

（3）第三階段，企業社會績效（Corporate Social Performance，CSR3）

企業社會績效是繼企業社會責任和企業社會回應之後的另一重要概念，企業社會績效試圖整合之前有關企業社會責任概念，形成一個綜合的分析框架。企業社會績效的提出始於 Sethi（1975）的三維度企業社會績效模型，之後出現 Carroll（1979）、Wartick 和 Cochran（1985）、Wood（1991）等著名的企業社會績效模型。

①三維模型

三維模型本質上可以理解為企業社會責任概念整合模型，經過 Carroll（1979）、Wartick 和 Cochran（1985）、Wood（1991）等學者的不斷完善，從原則、過程和問題管理三個維度構建起企業社會績效的系統理論框架。

Sethi（1975）以合法性作為評價企業社會績效的標準，

包括三個層次：社會義務、社會責任和社會回應。企業社會義務是指企業對市場力量和法律限製作出反應的行為，主要指企業的經濟責任和法律責任，是強制性的。企業社會責任則超越企業的社會義務，符合主要的社會規範、價值觀和預期，是說明性的。企業社會回應是指企業及時調整行為符合社會的需要，是預期性的和預防性的。

Carroll（1979）在《公司績效的三維概念模型》一文中提出了企業社會績效的三維概念框架，見表1.2。在這個模型裡，第一維度是企業社會責任定義，指的是某一特定時期社會對組織所寄托的經濟、法律、倫理和自主意願的期望，包括經濟責任、法律責任、倫理責任和自願責任。第二維度是企業回應社會責任和社會問題的理念，它是指一個從反應、防禦、適應到前瞻的連續過程。第三維度為社會責任涉及的社會問題。Carroll（1979）把企業社會責任類型、企業社會回應哲學及涉及的社會問題有效地整合在一起，對企業社會責任研究產生了深遠的影響。

表1.2　　Carroll 的企業社會績效模型

企業社會責任類型	企業社會回應	涉及的社會問題
自願責任	反應	消費者保護主義
倫理責任	防禦	環境
法律責任	適應	歧視
經濟責任	前瞻	產品安全
職業安全		
股東		

資料來源：Carroll（1979），p497－505。

Wartick 和 Cochran（1985）從社會表現動態管理的角度，對 Carroll 的企業社會責任框架進行了修正，見表1.3。他們把 Carroll（1979）模型的三個方面分別表述為原則描述（企業社

會責任——反應宗旨性目標)、過程(企業社會回應——反應制度化目標)和政策(社會問題管理——反應組織方面的目標)三個方面,他們認為識別社會問題是重要的,但更關鍵的是如何管理社會問題。為此,在 Carroll (1979)模型的基礎上,他們對第三個維度社會問題管理做了進一步的拓展,指出社會問題管理涉及公共問題管理(關乎企業存在的合法性)、戰略性問題管理(應對戰略的調整)和社會性問題管理。Wartick 和 Cochran (1985)進一步指出,社會問題管理的目的是最小化「意外事故」以及制定系統化的公司社會政策。Wartick 和 Cochran (1985)的企業社會績效模型和 Carroll (1979)模型並沒有本質上的差異,都是對企業社會責任不同視角概念的綜合。

表 1.3　　Wartick 和 Cochran 的企業社會績效模型

原則	過程	政策
企業社會責任原則 (1) 經濟責任 (2) 法律責任 (3) 倫理責任 (4) 自願責任	企業社會回應 (1) 反應 (2) 防禦 (3) 適應 (4) 前瞻	社會問題管理 (1) 問題識別 (2) 問題分析 (3) 擬定對策
針對: (1) 企業的社會契約 (2) 企業作為道德主體	針對: (1) 應對社會變化的能力 (2) 制定回應策略	針對: (1) 盡量避免「意外」 (2) 制訂企業的社會計劃
哲學導向	制度導向	組織導向

資料來源:Wartick & Cochran (1985), p758-769.

Wood (1991)在 Wartick 和 Cochran (1985)模型的基礎上,對企業社會績效模型做了進一步的完善與發展,見表 1.4。他的主要貢獻是對 Carroll 模型的原則維度作了修正。他指出,Carroll (1979)對企業社會責任的分類並不能代表企業社會責任的原則,進而從制度、組織和個體三個層面分析了企

業社會責任的驅動原則。其中：制度層面的原則，即合法性原則（Principle of Legitimacy），指企業作為社會中的經濟組織，必須滿足社會對經濟組織的期望，包括履行法律義務、避免制裁；組織層面的原則，即公共責任原則（Principle of Public Responsibility），基於企業與利益相關者的關係，要求企業履行公共責任原則，具體指企業需滿足具體的利益相關者的期望，履行公共責任；個體層面的原則，即管理者的自由斟酌原則（Principle of Managerial Discretion）。Wood（1991）指出管理者自身具有社會責任意識，有履行這部分責任的需要，例如參與社會慈善捐贈、進行公私聯盟、致力於解決社會問題，因此個體層面的原則要求企業的規則規範不能阻礙這部分責任。

經過 Carroll（1979）、Wartick 和 Cochran（1985）、Wood（1991）等學者的修正，企業社會績效的三維模型得到不斷的完善，且「越來越注重企業的行為特徵」（鄭海東，2007）。

表 1.4　　　　　Wood 的企業社會績效模型

企業社會責任原則	企業社會回應過程	企業行為結果
制度原則：合法性	環境評估	社會影響
組織原則：公共責任	利益相關者管理	社會計劃
個人原則：管理者的自由斟酌	問題管理	社會政策

資料來源：Wood（1991），p694.

②利益相關者管理模型

三維模型主要從外部人的立場來分析企業社會責任表現，利益相關者管理模型則基於內部人立場，回答了「企業社會責任對誰負責、社會表現由誰評價、標準是什麼」等三維模型無法解釋的問題（Clarkson，1995）。

利益相關者理論的淵源始於 20 世紀 60 年代。斯坦福研究院（Stanford Research Institute，1963）對「利益相關者」（Stakeholder）的定義是：企業存在一些利益群體，如果沒得

到他們的支持，企業就無法生存。Ansoff（1965）在其著作《公司戰略》中正式使用了「利益相關者」這一術語。他認為，企業要制定理想的目標，就需要綜合平衡考慮企業的諸多利益相關者之間相互衝突的索取權，企業利益相關者可能包括股東、管理者、工人、顧客及供應商等。他還提出，在一定的條件下利益相關者才能被視為企業的生存必需。

自斯坦福研究院首次提出「利益相關者」這一概念以來，利益相關者的定義已近三十種，迄今尚未有統一的定義，各個學者之間也未達成一致的看法。

美國經濟學者 Freeman 是利益相關者理論的開創者，其代表性著作《戰略管理：一種利益相關者方法》（1984）的出版標誌著利益相關者理論的正式產生。Freeman（1984）指出，利益相關者是指所有能影響組織目標實現或受組織目標實現過程影響的所有個體和群體，包括股東、管理者、員工、供應商、客戶、當地社區。利益相關者在公司中存在利益或索取權。根據其定義，利益相關者有可能無限地擴大到包括任何人在內。這是廣義的利益相關者概念。Freeman、Charkham、Clarkson、Wheeler 和 Maria 等認識到了廣義概念存在的缺陷，於是試圖從定量方面來清晰界定利益相關者。如 Charkham（1992）按照相關者群體與企業合同關係的性質，將利益相關者分為契約型利益相關者（Contractual Stakeholders）和公眾型利益相關者（Community Stakeholders）。前者包括股東、雇員、顧客、分銷商、供應商、貸款人等；後者包括全體消費者、監管者、政府部門、壓力集團、媒體、當地社區等。Clarkson（1995）提出了兩種有代表性的分類方法：第一，根據相關群體在企業經營活動中承擔的風險種類，可以將利益相關者分為自願的利益相關者（Voluntary Stakeholders）和非自願的利益相關者（Involuntary Stakeholders）；第二，根據相關群體與企業聯繫的緊密性，可以將利益相關者分為首要的利益相關者

（Primary Stakeholder）和次要的利益相關者（Secondary Stakeholder）。其中，首要的利益相關者指那些離開其參與企業就不能持續發展的個體，主要有股東、顧客、員工、供應商、政府與社區；次要的利益相關者指那些雖然影響企業或受企業影響，但卻與企業之間沒有商業關係，同時也不構成企業生存必要條件的一些社會團體，如各種媒體和一些特定利益集團。Clarkson（1995）的利益相關者概念過於強調首要的利益相關者，同時兩個層級利益相關者之間的邊界也不清晰。Wheeler 和 Maria（1998）則將社會性維度引入到利益相關者的分類中，並產生了深遠的影響，結合 Clarkson 提出的緊密性維度，Wheeler 和 Maria（1998）將所有的利益相關者分為以下四種：首要的社會性利益相關者、次要的社會性利益相關者、首要的非社會性利益相關者、次要的非社會性利益相關者。

持狹義利益相關者定義的代表性人物當推 Carroll。Carroll（1993）認為利益相關者是指這樣一些個人或群體：與企業互動並在企業裡具有利益或權利。Carroll（1993）強調這些個人或群體在企業中的「利益」。他認為要先瞭解「相關利益」的概念才能瞭解企業「利益相關者」的概念。相關利益包括當事人所擁有的利益、所有權這兩極。介於兩極之間的是權利，其中包含道義上的權利。Mitchell、Agel 和 Wood（1997）指出狹義的利益相關者概念包括以下三個關鍵性特徵：權力（Power）、合法性（Legitimacy）和緊迫性（Urgency）。其中，權力是企業的利益相關者所擁有的有助於他們獲取想要的結果的能力；合法性是指社會認可和接受的、符合預期的結構和行為；緊迫性是指利益相關者要求立刻關注其利益的緊迫程度。

第一個正式將利益相關者理論引入企業社會責任研究領域的學者是 Wood。Wood（1991）在構建企業社會績效模型時把利益相關者管理作為過程維度的內容之一（參見表 1.4，第 23 頁）與環境評估、社會問題管理並列為三大支柱。同時，

Wood（1991）還認為，利益相關者理論可以回答企業應該為誰承擔責任的問題；Carroll（1991）認為，將利益相關者理論放入到企業社會責任研究之中，這為企業社會責任研究「指明了方向」；Clarkson（1995）則在研究中明確提出用利益相關者框架代替企業社會責任，從利益相關者管理角度來衡量企業社會績效，這主要是 Clarkson 在研究中發現原有企業社會績效模型的局限性，而利益相關者管理模型及其相關方法則更能符合研究的要求；鄭海東（2007）認為，利益相關者理論對企業社會責任研究的主要貢獻體現在：明確了企業社會責任的對象、具體內容、社會責任範圍，並為企業社會責任的測量提供了科學的方法等。企業社會責任測評工具中的 KLD 指數實際上也吸納了利益相關者框架（Wood & Jones，1995）。

根據利益相關者管理模型，企業社會責任就可以被明確定義為企業對不同利益相關者的特定責任，企業對社會問題和社會方案的管理就體現了企業對利益相關者需求的反應，企業社會績效也就成為企業社會管理問題和社會方案的結果。

1.3.3 企業社會責任的測量方法

目前學術界和實務界大致形成了內容分析法、聲譽指數法、專業機構數據庫法（如 KLD 指數）、問卷調查法和污染指數法等幾種基本的企業社會責任測量方法，各類測量方法有自身的優缺點和適用範圍，現對其進行簡要介紹和評述。

（1）內容分析法

內容分析法是一種用來客觀系統地描述傳播信息內容的方法。在企業社會責任研究中，通常是指量化企業社會責任信息的數據收集方法，對公司報告或文件披露的定性信息進行編碼分類，測量企業社會責任表現（Abbott & Monsen，1979）。運用內容分析法的一個前提假設是，社會信息披露的多少反應了公司對相關社會責任的重視程度，即以披露的社會信息量作為

企業社會責任的代理變量。內容分析法大多對公司年報進行量化處理（Gray, Kouhy & Lavers, 1995），其他的企業披露社會信息形式例如企業內刊、管理層公開發言、新聞發布會等媒介形式則較少涉及。

　　早期的內容分析法計量公司年報中有關企業社會責任的信息量占總報告的篇幅比例，由於缺乏一個理論框架系統地測量企業在社會責任各個方面的表現，因此存在一定的測量誤差。而 Ernst 和 Ernst 會計師事務所開發的社會參與度披露（SID）量表則突破了這一局限。SID 量表從環境、就業公平、人力資源、社區參與、產品及其他 6 個方面對企業社會責任表現進行量化。研究人員首先將這些指標進行編碼，然後分別從各公司年報中找出相應的公布信息並計量篇幅比例（Gray, Kouhy & Lavers, 1995）。前人研究中有兩種方法獲取數據，即信息披露的次數和信息披露的數量，其中信息披露的數量使用的更多。研究者使用的分析單位有句子、字數、頁數或者頁面篇幅（Gray, Kouhy & Lavers, 1995）。中國學者也曾嘗試利用內容分析法進行企業社會責任表現的測量（沈洪濤，2005）。

　　（2）聲譽指數法

　　聲譽指數法（Reputation Index）是 20 世紀 70 年代中期用於衡量企業社會責任最常用的分析方法之一。所謂聲譽指數法是指，由專家學者（甚至 MBA 學生）通過對公司各類社會責任方面的相關政策、行為表現進行主觀評價後得出公司聲譽的排序結果。

　　最早的企業社會責任聲譽指數是美國經濟優先委員會（CEP）1971 年對造紙業的 24 家公司在控制污染方面的表現所進行的排名。Vance（1975）運用同樣的方法聘請 86 位公司職員對 45 家大公司進行打分排序。Heinz（1976）讓 150 名商學院學生對 28 家大企業的社會涉入（Social Involvement）表現進行打分，具體的評價尺度是，0 分代表沒有印象，1 分代表

很差，5分代表很好，然後將每家企業的均值得分進行排序。Moskowitz 在 1972 年選出了 14 家他認為社會責任表現較好的企業，並根據自己評定的社會責任表現的標準建立了自己的聲譽指標體系，把企業分成了「優異的」（Outstanding）、「值得鼓勵的」（Honorable mention）和「最差的」（Worst）三類，但他沒有說明具體的指標評定依據是什麼。

目前應用最廣泛的公司聲譽指數是 1992 年版的《財富》雜誌聲譽指數（Wokutch & Mckinney, 1991）。《財富》雜誌在每年秋季對超過 32 個行業的 300 家大公司展開調查，由超過 8000 個高管、外部董事和財務分析師從 4 個財務指標（財務穩健、長期投資價值、資產使用、管理質量）和四個社會責任指標（創新，產品和服務質量，人才吸引、培養與使用，社區和環境責任）8 個特徵指標，對本行業內最大的 10 家公司按照 0 分（很差）到 10 分（優異）進行評分，最後得出一個總的評級，並在次年 1 月公布評級結果。

（3）專業機構數據庫法

該方法是使用企業社會責任行為專業評估機構建立的數據庫進行研究。目前全世界有幾十家評估企業社會責任的專業機構向機構投資者、個人投資者、消費者、政府等機構提供企業社會責任的專業評估報告，有些機構還推出了專門的評估指數。在這些機構中，最著名的當屬 KLD（Kinder, Lydenberg and Domini Corporate）。這是一家專門從事企業社會責任評估的投資諮詢公司，定量評估企業的社會績效，並向投資者提供諮詢。

KLD 指數由 KLD 企業於 20 世紀 90 年代中期創立。KLD 指數最初從社區關係、員工關係、環境保護、產品特徵、員工多樣化、涉足軍火、涉足原子能業務和南非業務等 8 個方面對企業社會責任進行評價。前五類是關於利益相關者的指標，其評價尺度是從 −2（非常擔憂）到 0（中性）到 2（非常出

色);後3類指標不涉及利益相關者關係,但卻是全社會關注的焦點,其評價尺度是從－2(非常擔憂)到0(中性)。KLD指標體系根據實際情況在不斷進行調整。1995年,KLD指標由原來的8類指標增加到10類指標,增加的2類指標為「非美國問題、其他問題」。KLD指數涵蓋了列入標準普爾500指數的公司以及列入多米尼社會指數中的150家公司,共超過800家公司。自20世紀90年代以來,KLD指數在企業社會責任研究中獲得了最廣泛的應用。

(4)問卷調查法

問卷調查法是把企業社會責任的測量模型中各維度直接操作量化,對每一維度都設計一系列測量題項,編製成測量工具,然後通過問卷調查來調查答卷者對企業社會責任各個測量題項的感知,最後根據各個測量題項的得分及維度得分來測量企業社會責任。最具代表性的是Aupperle、Carroll和Hatfield(1985)的研究。Aupperle、Carroll和Hatfield(1985)以Carroll(1979)的四維度企業社會責任模型為基礎,編製出企業社會責任導向(Corporate Social Responsibility Orientation)量表,包括20組測量題項,每組4條,每一條分別對應企業社會責任的一個構面。該量表能夠很好地測量被調查者對企業社會責任的態度和行為,為企業社會責任更加細緻的研究奠定了良好基礎。Clarkson(1995)根據利益相關者模型開發了RDAP(Reactive Defensive Accommodative Proactive)量表。該量表主要針對企業的典型利益相關者群體(如員工、股東、客戶、供應商、公眾等),設計了一整套評價指標體系。在指標體系中,對每一個指標進行了詳細的描述,並指出指標測量的表現數據。Clarkson(1995)的RDAP量表內容詳盡,並且有一套系統具體的評分標準,但是操作起來非常複雜,評估的工作量很大,而且測量題項主要來自於文獻資料,未經驗證,

因此在實證研究中 Clarkson 的 RDAP 量表使用較少。Hopking（1997）以 Wood（1991）的企業社會責任表現模型為理論基礎開發的 SER 量表與 Clarkson（1995）的 RDAP 量表存在類似的局限性，操作起來複雜，評估工作量大，很少有人實際採用，信度和效度還有待進一步檢驗。

（5）污染指數法

該方法一般由政府機構或獨立的專業機構制定評價指標體系，然後利用這套指標體系來評價企業的污染程度。學術研究中使用得最多的指標是「有毒污染物排放總量指標」（TRI），指標的詳細內容參見 Griffin 和 Mahon（1997）。

（6）簡要評述

Ruf、Muralidhar 和 Paul（1998）指出，準確地測量企業社會責任表現的方法需要滿足以下四個條件：第一，體現企業社會責任的各個方面；第二，與組織的特徵相獨立；第三，以實際的結果而不是主觀印象為基礎；第四，反應所考慮利益相關者的價值觀。現根據上述標準對企業社會責任測量方法進行簡要評述。

①內容分析法

內容分析法的優點集中體現在：第一，一旦確定了指標或標準，內容分析法的衡量步驟較為客觀，研究者運用內容分析法對相同的樣本可以重複操作測量；第二，可用於較大樣本的檢驗。當然，內容分析法也有其自身的局限，集中體現在：第一，選擇指標或標準較為簡單和主觀；第二，評價依據主要是企業自己的表述而不是其真實的行為；第三，大部分企業報告或文件都不是針對特定的企業社會責任的，往往將企業社會責任信息與其他信息混雜在一起，篩選企業社會責任信息成本較高。

②聲譽指數法

聲譽指數法的優點集中體現在：第一，由同一位分析人員

對每家公司採用同樣的標準進行評價，可以保證評價者的內部一致性；第二，這種方法可以總結出不同公司在同一企業社會責任維度的表現差異；第三，評價不是簡單排序，而是得出一個綜合的分值。聲譽指數法也有自身的不足之處，集中體現在：第一，主要引用某些權威人士對企業的總體印象進行評價，而權威人士對企業某一方面的印象可能會影響他們對企業總體印象的評價，主觀性太強。評價者打分時很容易受到公司規模、年齡、媒體信息的可得性等方面因素的影響。第二，絕大多數的聲譽指標僅僅覆蓋了少部分企業，評價者可以較輕鬆地對 10～20 個公司進行打分，但更多的樣本將變得難以操作。

③專業機構數據庫法

專業機構數據庫法的優點集中體現在：第一，覆蓋的企業多，種類全，並可不斷進行擴充，從而能為研究提供充分的樣本；第二，利用多個維度或屬性進行評價，評價內容更為全面；第三，評價不同企業時能夠保證評價指標高度一致；第四，專職研究人員，評價的獨立性較強，不易受到被評機構或其他經紀機構的影響。

在專業機構數據庫法中，KLD 指數法的優點集中體現在：第一，涵蓋了列入標準普爾 500 指數的公司及列入多米尼社會指數中的 150 家公司，樣本跨越的行業較多，數量大，而且允許研究者跨越時間維度對企業社會責任進行連續評價，可以較好地評估企業社會責任的變化。第二，KLD 指數由獨立的第三方機構做出的評估。KLD 公司雇用專門的研究人員派駐到各地，進行廣泛的收集和調查，每年同一時間對各個企業進行評估，採用同一測量工具，從而保證了測量工具的公平性與客觀性、評估者之間評估標準的一致性等。第三，從利益相關者角度設置多種測量指標並分類，研究者能夠根據自己對企業社會責任所應涵蓋的內容的理解，選取相應的指標進行評價，在

一定程度上也能反應出研究者對企業社會責任概念的詮釋。因此，KLD指數是目前企業社會責任領域應用最廣泛的指標體系。Wood和Jone（1995）把KLD指標看成是企業社會責任研究中「研究設計得最好、也最容易被理解」的測量方法。但是，KLD指數也有一定的局限性：第一，各指標的權重相同，不能體現指標的重要性；第二，在條件不明朗的情況下，仍然需要依照個人的傾向性做出判斷；第三，建立數據庫需要大量的時間、財力和人力，而數據庫的建立和更新過程中同樣又面臨著數據獲取方法的選擇等問題。

④問卷調查法

問卷調查法的優點主要是：操作簡便，調查對象是個體，不必使用成本高昂的多源信息。不足之處則集中體現在：主觀性較強，對量表的信度和效度的要求較高。

⑤污染指數法

污染指數法的優點是比較客觀，其缺點則集中體現在只評價了企業社會責任的一個維度即環境維度，因此該方法只有在環境責任在所有社會責任中占絕對比重時才能用於近似研究。

基於以上分析，結合中國的實際情況，可以得出以下結論（鄭海東，2007）：

第一，內容分析法目前在中國很難廣泛應用。目前中國企業信息的公開信息相對較少，能用於內容分析法的信息更有限；而披露的信息一般未經社會責任審計，真實性較差；中國上市公司的信息披露發育尚不完善，上市公司年報中所披露的信息受政策法規的影響較大，樣本容量容易受到限制。事實上，中國企業主體是非上市的中小企業和創業型企業。

第二，污染指數法在中國目前也很難實施，因為指標、數據、評價對象和結果應用等方面存在問題。

第三，聲譽指標法也不可行，中國目前還沒有較成熟的聲譽指標體系和數據庫。

第四，專業機構數據庫法更不可行，目前中國還沒有同類數據庫，短時間也很難建立。

因此，問卷調查法可能是現階段中國企業社會責任的主要測量方法。目前主要有兩種通過調查問卷來測度企業社會責任的方法：第一種做法是，以管理者的認知代替社會責任行為，如 Aupperle、Carroll 和 Hatfield（1985）的企業社會責任測量方法；第二種做法是，直接測度企業在社會責任承擔方面的具體表現，強調行為本身，即企業實際做了什麼，而不包括行為的傾向性、原則或動機等。

1.3.4 企業社會責任的影響因素

（1）個體層面的影響因素

這部分主要分析企業家（或企業高管）的人口統計特徵（如性別、年齡、文化程度）、職業背景、任職期限、薪酬結構、企業家（或企業高管）的態度與價值觀等因素的影響。例如：

Thomas 和 Simerly（1995）基於戰略導向的實證研究揭示，企業高管的職業背景對企業社會責任表現有顯著的影響，其中，輸出職能（Output Function）的背景對企業社會責任表現具有正向的影響，而生產職能（Throughput Function）的背景對企業社會責任表現則具有負向影響，企業高管的任期對企業社會責任表現的正向作用受到產業類型的調節，在社會績效對利益相關者關係更明顯的產業中有顯著的表現；McGuire、Dow 和 Argheyd（2003）的實證研究顯示，企業社會責任劣勢與企業高管工資顯著正相關，企業社會責任劣勢與企業高管長期激勵顯著負相關，企業社會責任與企業高管獎金沒有顯著的關係；Mahoney 和 Thorne（2006）的實證研究則揭示，高管工資與企業社會責任劣勢、高管獎金與企業社會責任優勢、股票期權與總體企業社會責任表現、股票期權與企業社會責任優勢

之間顯著正相關；Browne（2003）從更廣泛意義上研究了企業高管的人口統計量、CEO 薪酬、CEO 權力對企業社會責任表現的影響，結果顯示這些變量與企業社會責任表現之間沒有顯著的關係。

Sturdivant 和 Grinter（1977）研究了企業社會責任表現與企業高管對待企業和社會關係的態度之間的關係，結果顯示，企業社會責任表現優秀企業的高管與企業社會責任表現差勁企業的高管相比，在對待企業和社會關係的態度上存在顯著的差異，在企業與社會問題上持開放和寬容態度的企業高管更傾向於鼓勵企業從事社會責任活動，而對企業與社會問題持保守和狹隘觀點的企業高管，容易對企業社會責任採取抵制的態度，不願意做出積極的反應；Ullmann（1985）認為，企業關鍵決策者對待社會要求的反應模式（主動或被動）會影響企業社會責任行為的表現和企業社會責任信息的披露；Wood 和 Jones（1995）也認為，企業高管的倫理承諾可以推動企業更好地履行社會責任。

Ibrahim 和 Angelidis（1994）的實證研究發現，女性董事具有更強的企業自願責任導向，男性董事則具有更強的企業經濟責任導向，雙方在企業倫理責任和法律責任態度上沒有顯著的差異；O'Neill、Saunders 和 McCarthy（1989）發現，董事年齡、教育程度和股權關係對企業社會責任導向有顯著的正向影響。

有關企業家（或企業高管）價值觀對企業社會責任的影響，其源頭可追溯到 Carroll（1979）的企業社會責任的四種類型，其中的慈善責任被認為取決於管理者個人的判斷和選擇；Wood（1991）的企業社會績效模型中的個體激勵原則認為企業社會責任是對管理者作為道德代理人的期望，強調管理者個人的作用；Hemingway 和 Maclagan（2004）認為，經濟動因並不是企業社會責任決策的唯一驅動，管理者的個人價值觀與企

業社會責任決策緊密相關，管理者的個人價值觀是影響企業社會責任政策形成、採用和實施的重要因素。

（2）組織層面的影響因素

這部分主要分析企業規模、產業屬性、發展階段、組織結構、治理結構、組織文化、組織形象、組織聲譽、關係網絡、企業能力、企業財務績效等因素的影響。例如：

Zahra 和 Stanton（1988）的研究發現，董事會中外部董事的比例與企業社會責任表現之間存在顯著的正相關關係；Ibrahim、Howard 和 Angelidis（2003）的研究揭示，外部董事和內部董事在經濟責任和慈善責任上存在明顯的差異，外部董事更關心慈善責任，對經濟責任的取向較弱，但外部董事和內部董事在法律責任和倫理責任的取向上不存在明顯的差異；Ullmann（1985）認為，企業財務績效影響企業社會責任表現和企業社會責任信息的披露，主要原因是，企業財務績效影響社會要求在企業中的相對權重、企業高管的關注程度以及企業履行社會責任的能力。

（3）社會層面的影響因素

這部分主要分析社會法制環境、市場競爭程度、非政府組織等因素的影響。在理論研究方面，Jones（1999）是較早呼籲應該關注企業社會責任的制度決定因素的學者，他從社會文化體系、國家經濟發展水準、行業結構、企業屬性和個體價值體系的角度分析了創造有利於社會責任制度的條件。Maignan 和 Ralston（2002）通過企業網站信息分析美國和歐洲（法國、荷蘭、英國）企業對社會責任的反應，他們比較了企業社會責任的原則、過程和利益相關者問題，結果反現，不同國家的企業對這些問題的關注存在很大的差異，這意味著不同國家特定的政治、文化等因素影響企業對社會責任的反應。Gonzalez 和 Martinez（2004）在分析西班牙由於奉行自願原則而導致企業社會責任履行失敗時也強調政府規則在企業社會責任實踐中

的重要意義。Campbell（2007）從制度理論出發系統構建了影響企業社會責任行為的理論框架。該理論框架認為企業經濟條件（包括企業財務績效和所處競爭環境）直接決定了企業社會參與的傾向，但這種直接作用還受到制度條件的調節作用。政府執法嚴格力度、行業自我規制效果、公民社會發育程度、商業媒體教育等制度條件間接影響了經濟要素對企業社會責任的作用。Tan（2010）對在華經營的跨國公司社會責任履行情況的多案例研究發現，許多以負責任和誠實著稱的跨國公司之所以在發展中國家變得「不那麼負責」，原因在於東道國制度環境的不健全，法律法規體系缺失在很大程度上助長了跨國公司的雙重標準表現。同時，媒體、非政府組織、第三方機構、產業利益相關者及消費者團體對於督促跨國公司履行社會責任發揮了重要的作用。

1.4　研究思路與方法

1.4.1　研究思路

在家族企業理論、企業社會責任理論、企業成長理論等理論基礎之上，以浙江和重慶兩地家族企業為總體樣本，通過文獻研究和企業調查（企業訪談和企業問卷調查）等手段，借助於理論分析、典型案例分析和統計分析（因子分析、獨立樣本的T檢驗、單因素方差分析、多元迴歸分析）等分析方法，從家族涉入的視角研究中國家族企業社會責任問題，為中國家族企業社會責任實踐及家族企業提高持續成長能力提供理論和技術支持。具體研究思路和方法如圖1.1所示：

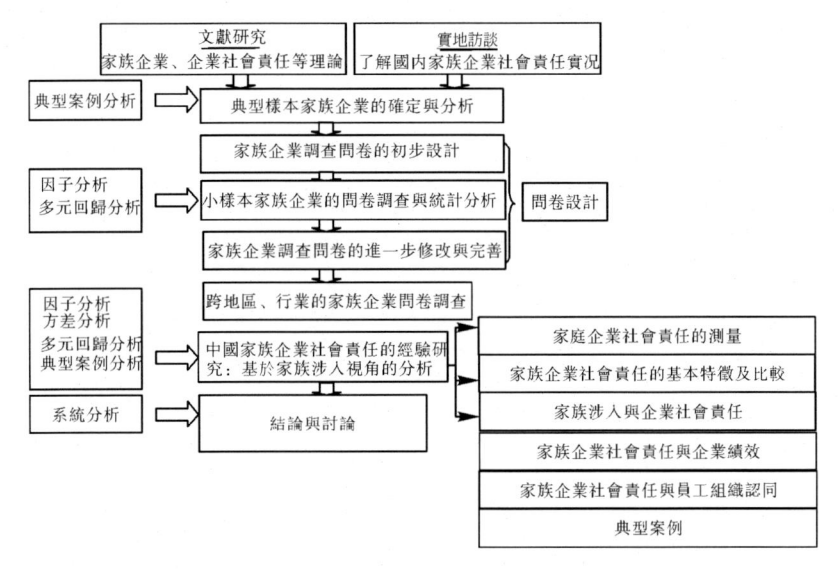

圖 1.1　技術路線

1.4.2　研究方法

（1）研究方法

本書力圖以翔實、規範的實證研究來深入揭示轉型經濟背景和儒家文化傳統下中國家族企業社會責任行為。為此，研究小組花費了很多的時間和精力來進行文獻研究（理論研究）和實證研究。文獻研究（理論研究）工作主要是通過圖書館、網絡等查閱了大量的國內外有關家族企業、企業社會責任、家族企業社會責任、企業成長等相關研究文獻，包括 300 餘篇/部中外文文獻，其中，英文文獻 200 餘篇，中文文獻 100 餘篇/部，並選擇性的對其中重要的英文文獻進行了精讀和全文翻譯。在此基礎之上，形成相關研究的文獻綜述。而實證研究工作則主要分四個方面進行，包括企業訪談調查、預調查、問卷調查及經驗研究（典型案例分析、統計分析）。具體的實證方法包括：第一，運用典型案例分析和因子分析等分析方法，對

37

典型樣本家族企業進行深度調研，並對小樣本家族企業的問卷調查結果進行分析，以修改和完善企業調查問卷；第二，運用因子分析（探索性因子分析、驗證性因子分析）、獨立樣本的T檢驗、單因素方差分析、相關分析、多元迴歸分析等分析方法，研究現階段中國家族企業社會責任意識與行為的基本內容與維度及測評指標體系、家族企業社會責任的基本特徵、家族涉入與企業社會責任關係、家族企業社會責任與企業績效關係、家族企業社會責任與員工組織認同關係等問題；第三，運用典型案例分析方法，進一步揭示現階段中國家族企業社會責任意識和行為表現及基本特徵。通過上述實證分析，深化對現階段中國家族企業社會責任實踐的基本認識和理論把握。

（2）問卷調查

①樣本來源

本書所用數據主要來自 2010 年 5～7 月對浙江和重慶兩地家族企業的問卷調查。此次問卷調查主要涉及以下三個方面的內容：第一，家族企業社會責任意識和行為表現現狀；第二，家族企業社會責任的主要影響因素，重點是不同維度的家族涉入變量（家族權力、家族經驗、家族文化）對家族企業社會責任的主要影響及影響機制；第三，家族企業社會責任對企業績效的主要影響及影響機制；第四，家族企業社會責任對員工組織認同的主要影響及影響機制。在具體選樣之前，研究小組首先確定了樣本家族企業的選擇標準。具體標準是：民營企業必須是由某一核心家族所有或控制的企業，即某一核心家族成員持股比例應在 50% 以上。問卷的填寫者為民營企業的中高層管理人員。

②問卷發放與回收

由於家族企業樣本收集的困難性和複雜性，此次問卷調查主要採用了兩種方式：第一，通過與家族企業（主）有一定

社會關係的政府部門、社團協會及企業的親戚朋介紹與協助調研，包括上門訪談與問卷發放和現場回收；第二，自己主動與被調查企業聯繫，在徵得對方同意之後，上門進行訪談，同時進行問卷的發放和現場回收。

此次問卷調查分三個階段進行。第一個階段，在文獻研究的基礎上，2009年11~12月在重慶選擇了15家民營企業進行實地深入訪談，為設計問卷提供現實依據。在理論分析與實地調研的基礎之上，初步設計了第一版企業調查問卷。第二階段，在諮詢相關領域的專家和修正企業調查問卷的部分提法和內容等的基礎之上，2010年3~4月又在重慶選擇了50家民營企業進行問卷的試發放和預調查，再次對問卷中的部分項目進行了調整，形成正式的企業調查問卷。第三階段，2010年5~7月，以浙江和重慶兩地有關民營企業家為主要調查對象，共發放調查問卷600份，回收問卷467份，剔除不合格問卷後得到有效問卷418份，回收率77.8%[1]，回收情況較為理想，符合社會調查的基本要求。根據本研究對家族企業的界定標準（將家族成員持股比例在50%以上的民營企業界定為家族企業），最終確定351份有效問卷，有效率為75.16%，大於進行因子分析所需要的問卷數目[2]。

（3）數據處理與樣本特徵分析

對回收的有效問卷，研究小組以SPSS 18.0為主要分析工具，首先將所有的原始數據進行編號，然後輸入到SPSS 18.0統計軟件體系之中。由於對不同的問題往往所需要的處理方法是不一致的，為了回答所有的研究問題，實現特定的研究目

---

[1] 經驗研究表明，問卷的回收率如果小於70%，則調查結果的效度便有問題（李懷祖，2004）。

[2] 樣本量與變量數的比例應在5∶1以上，總樣本量不得少於100（Gorsuch，1983）。

的，對樣本特徵、自變量與因變量特徵以及各種假設關係的檢驗，在具體進行分析時，應該採用不同的分析技術。具體而言，對於樣本特徵分析，主要採用描述性統計分析方法；對於因變量與自變量特徵檢驗，主要採用因子分析（探索性因子分析、驗證性因子分析）、信度分析、相關分析、獨立樣本的T檢驗和單因素方差分析（One-way ANOVA）等分析方法；對於假設檢驗，主要採用多元迴歸分析等分析方法。

樣本家族企業特徵（如所處地理區域、行業屬性、形成方式、企業規模、企業壽命、家族控制程度）以及企業家個體特徵（如年齡、文化程度、行業工作經驗）被認為與家族企業社會責任實踐可能存在緊密關係。為更好地瞭解調查樣本的企業特徵及企業家特徵，我們對樣本企業特徵及企業家特徵進行了較全面的分析比較。

①企業經營所在地（地理區域）

此次問卷調查涉及浙江和重慶2省（直轄市）（見表1.5）。其中，浙江樣本企業有178家，占樣本企業總量的50.7%，主要分佈在浙江省紹興、杭州、上虞、蕭山、寧波、臨安、慈溪、嘉興、平湖、新昌、嵊州、富陽、溫州、金華、諸暨等地；重慶樣本企業有173家，占樣本企業總量的49.3%，主要分佈在重慶市南岸、沙坪壩、九龍坡、大渡口、永川、璧山、綦江、涪陵、石柱、巴南、北碚、墊江、城口、渝北等地。

表1.5　　　　　企業經營所在地分類比較

	企業數	比重（%）
浙江	178	50.7
重慶	173	49.3
合計	351	100.0

②行業屬性

此次問卷調查行業僅涉及製造業，具體涉及金屬製品及機械、紡織、汽車、摩托車及零部件、電氣、服裝、化工、非金屬礦產品、食品、制藥、農產品加工、木材、印刷、塑料、文化和體育用品、家具15個製造行業，但主要集中在金屬和機械製造產業（占35.3%）、紡織製造產業（占17.1%）以及汽車、摩托車及零部件製造產業（占10.8%）。（見表1.6）

表1.6　　　　企業所在行業屬性分類比較

	比重(%)		比重(%)
金屬製品及機械	35.3	制藥	3.6
紡織	17.1	農產品加工	1.5
汽車、摩托車及零部件	10.8	木材	1.2
電氣	7.8	印刷	0.9
服裝	5.7	塑料	0.6
化工	5.7	文化和體育用品	0.3
非金屬礦產品	5.4	家具	0.3
食品	3.9		

③形成方式（轉制情況）

從企業形成方式（即企業歷史所有制形式）來看，在326份填寫該項目的企業調查問卷中，前身是國有企業或集體企業的樣本企業有35家，占樣本企業總量的10.7%，其餘291家樣本企業來源於私營企業，占樣本企業總量的89.3%。這與目前中國家族企業形成的實際情況比較吻合。（見表1.7）

表1.7　　　　企業形成方式分類比較

	企業數	比重（%）
轉制企業	35	10.7
非轉制企業	291	89.3
合計	326	100.0
缺失	25	

④企業規模

此次問卷調查主要採用2009年年底的企業資產總額和職工人數來反應企業規模。為獲得企業規模的具體數據，本研究採取了由問卷回答者直接填寫的方式。具體處理結果是：樣本企業的平均資產規模為6093.06萬元，但最大值達到450,000萬元，最小值僅有8.5萬元，不同企業之間的資產總額相差較大；樣本企業平均職工規模為211.57人，但最大值達到6800人，最小值僅有5人，不同企業之間的職工人數相差較大。

從分類統計可以看出，企業資產總額在500萬元以下的樣本企業有114家，占樣本企業總量的32.6%；企業資產總額在501萬~1000萬元的樣本企業有57家，占樣本企業總量的16.3%；企業資產總額在1001萬~3000萬元的樣本企業有89家，占樣本企業總量的25.4%；企業資產總額在3001萬~5000萬元的樣本企業有30家，占樣本企業總量的8.6%；企業資產總額在5001萬元以上的樣本企業有60家，占樣本企業總量的17.1%。企業職工人數在50人以下的樣本企業有134家，占樣本企業總量的38.5%；企業職工人數在51~200人的樣本企業有133家，占樣本企業總量的38.2%；企業職工人數在201~300人的樣本企業有33家，占樣本企業總量的9.5%；企業職工人數在301人以上的樣本企業有48家，占樣本企業總量的13.8%。（見表1.8，表1.9）

以上分析表明，樣本企業符合整個社會中小企業占絕對多數的分佈狀況，具有較好的代表性。

表1.8　　　　　　　　　企業規模

	資產總額（萬元）	職工人數（人）
均值	6093.06	211.57
標準差	32,896.14	501.32

表1.8(續)

	資產總額（萬元）	職工人數（人）
最大值	450,000.00	6800
最小值	8.50	5
合計	350	348
缺失	1	3

表1.9　　　　　　　　　企業規模分類比較

資產總額（萬元）	企業數	比重（%）	職工人數（人）	企業數	比重（%）
500以下	114	32.6	50以下	134	38.5
501~1000	57	16.3	51~200	133	38.2
1001~3000	89	25.4	201~300	33	9.5
3001~5000	30	8.6	301以上	48	13.8
5001以上	60	17.1			
合計	350	100.0	合計	348	100.0
缺失	1		缺失	3	

⑤企業壽命

此次問卷調查主要用企業成立時間至2009年之間的時間長度來反應企業壽命。為獲得企業壽命的具體數據，本研究也採取了由問卷回答者直接填寫的方式。具體處理結果是：樣本企業平均壽命為9.2年，其中最長的企業壽命達到51年（轉制型家族企業），最短的企業壽命僅有1年。從分類統計來看，企業壽命在5年以下的樣本企業有88家，占樣本企業總量的25.1%；企業壽命在6~10年的樣本企業有139家，占樣本企業總量的39.7%；企業壽命在11~19年的樣本企業有106家，占樣本企業總量的30.3%；企業壽命在20年以上的樣本企業有17家，占樣本企業總量的4.9%。樣本企業壽命主要集中

在 1~19 年的範圍，表明多數樣本家族企業成立於 20 世紀 90 年代初期。（見表 1.10）

表 1.10　　　　　　　企業壽命及分類比較

	企業壽命(年)	企業壽命(年)	企業數	比重(%)
均值	9.2	5 以下	88	25.1
標準差	6.1	6~10	139	39.7
最大值	51	11~19	106	30.3
最小值	1	20 以上	17	4.9
合計	350	合計	350	100.0
缺失	1	缺失	1	

⑥企業經濟類型

從企業經濟類型（即企業在產業價值鏈中的位置關係）來看，成品製造商樣本企業有 168 家，占樣本企業總量的 47.9%；非成品製造商樣本企業 183 家，占樣本企業總量的 52.1%。（見表 1.11）

表 1.11　　　　　　企業經濟類型分類比較

	企業數	比重（%）
成品製造商	168	47.9
非成品製造商	183	52.1
合計	351	100.0
缺失	0	

⑦家族控制程度

此次對樣本企業家族控制程度的問卷調查採用了家族所有權、家族管理權、家族代際傳承情況來衡量。其中，家族所有權用控制性家族持有的股份占企業股份總數的比重來測量；家族管理權用企業總經理是否由企業主本人或家人擔任來測量；

家族代際傳承情況用家族企業是否由第一代（創始人）所有或管理情況來測量。統計結果顯示：

第一，從家族所有權來看，樣本企業的家族成員平均持股比例為91.95%，其中最大持股比例達100%。從分類統計來看，家族成員持股比例在51%~60%的樣本企業有28家，占樣本企業總量的8.0%；家族成員持股比例在61%~70%的樣本企業有17家，占樣本企業總量的4.8%；家族成員持股比例在71%~80%的樣本企業有27家，占樣本企業總量的7.7%；家族成員持股比例在81%~90%的樣本企業有40家，占樣本企業總量的11.4%；家族成員持股比例為100%的樣本企業有239家，占樣本企業總量的68.1%。這與中國絕大多數家族企業主完全掌握企業所有權的實際情況比較吻合。（見表1.12）

第二，從家族管理權來看，企業總經理由老板本人或家人擔任的樣本企業有273家，占樣本企業總量的79.1%；非家族成員擔任企業總經理的樣本企業有72家，占樣本企業總量的20.9%。這與中國家族企業主要由家族經理管理、很難引入職業經理人的實際情況相吻合。（見表1.13）

第三，從家族代際傳承情況來看，由第一代（創始人）所有或管理的樣本企業有314家，占樣本企業總量的90.0%，由後代所有或管理的樣本企業僅有35家，占樣本企業總量的10.0%。這與多數樣本家族企業成立於20世紀90年代初期、絕大多數家族企業仍然由第一代（創始人）控制的實際情況相吻合。（見表1.14）

表 1.12　　　家族控制程度及分類比較（一）

	家族成員持股比例	家族成員持股比例	企業數	比重(%)
均值	91.95	51%~60%	28	8.0
標準差	14.01	61%~70%	17	4.8
最大值	100	71%~80%	27	7.7
最小值	51	81%~99%	40	11.4
		100%	239	68.1
合計	351	合計	351	100.0
缺失		缺失		

表 1.13　　　家族控制程度及分類比較（二）

總經理由老板本人或家人擔任情況	企業數	比重(%)
是	273	79.1
否	72	20.9
合計	345	100.0
缺失	6	

表 1.14　　　家族控制程度及分類比較（三）

企業由第一代所有或管理情況	企業數	比重（%）
是	314	90.0
否	35	10.0
合計	349	100.0
缺失	2	

⑧企業家特質

對企業家特質（即人口統計特質）的調查涉及企業家的年齡、文化程度、行業工作經驗三個方面的內容。（見表1.15）統計分析顯示：

第一，樣本企業的企業家年齡分佈集中在36~55歲的範

圍，共 291 家，占樣本企業總量的 83.8%。其中，企業家年齡分佈在 36~45 歲的樣本企業有 149 家，占樣本企業總量的 42.9%；企業家年齡分佈在 46~55 歲的樣本企業有 142 家，占樣本企業總量的 40.9%；企業家年齡分佈在 35 歲以下或 55 歲以上的樣本企業分別有 22 家和 34 家，各占樣本企業總量的 6.3% 和 9.8%。這表明現階段中國家族企業絕大部分處於一代，而老一輩企業家還是希望自己的接班人比較老成持重。

第二，樣本企業的企業家文化程度集中在高中（中專）至大學本科文化水準，共 288 家，占樣本企業總量的 83.0%。其中，大學本科文化水準的樣本企業有 78 家，占樣本企業總量的 22.5%；大學專科文化水準的樣本企業有 95 家，占樣本企業總量的 27.4%；高中（中專）文化水準的樣本企業有 115 家，占樣本企業總量的 33.1%。初中及以下文化水準的樣本企業有 41 家，占樣本企業總量的 20.0%；研究生文化水準的樣本企業僅有 18 家，占樣本企業總量的 5.2%。這表明中國家族企業經過多年的發展，企業家的文化程度較改革開放初期有了較大提高。

第三，樣本企業的企業家行業工作經驗（即行業工作年限）集中在 4 年以上，共 336 家，占樣本企業總量的 97.1%。其中，本行業工作經驗在 4~8 年的樣本企業有 83 家，占樣本企業總量的 24.0%；本行業工作經驗在 9~14 年的樣本企業有 138 家，占樣本企業總量的 39.9%；本行業工作經驗在 15 年以上的樣本企業有 115 家，占樣本企業總量的 33.2%。本行業工作經驗在 1~3 年的樣本企業僅 10 家，占樣本企業總量的 2.9%。

表 1.15　　　　　　企業家特質分類比較

年齡(歲)	企業數	比重(%)	文化程度	企業數	比重(%)	行業工作經驗(年)	企業數	比重(%)
35以下	22	6.3	初中及以下	41	20.0	1~3	10	2.9
36~45	149	42.9	高中(中專)	115	33.1	4~8	83	24.0
46~55	142	40.9	大學專科	95	27.4	9~14	138	39.9
55以上	34	9.8	大學本科	78	22.5	15以上	115	33.2
			研究生	18	5.2			
					100.0			
合計	347	100.0	合計	347	100.0		346	
缺失	4		缺失	4			5	

1.5　本書結構與主要觀點

1.5.1　本書結構與主要觀點

根據以上研究思路和方法，本書對應的章節安排與各章節的主要觀點如下：

第一章，導論。主要是提出本書所要研究的問題，闡述國內外研究現狀、理論基礎、研究思路與方法、本書結構與主要觀點。

第二章，中國家族企業社會責任的測量。利用351家樣本家族企業的調查數據，採用理論分析、因子分析（探索性因子分析、驗證性因子分析）等分析方法，探討現階段中國家族企業社會責任意識、家族企業社會責任行為的基本維度與內容及測評指標體系。結果顯示：

第一，中國家族企業社會責任意識可區分為企業社會責任收益意識、企業社會責任成本意識兩個不同的維度。

第二，中國家族企業社會責任行為可區分為內部人（投資者、員工）責任、外部人（債權人、商業夥伴、消費者）責任及公共（環境、社區、法律和倫理）責任三個不同維度。

第三章，中國家族企業社會責任的基本特徵及比較。利用351家樣本家族企業的調查數據，採用獨立樣本的 T 檢驗、單因素方差分析等統計分析方法，深入揭示現階段中國家族企業社會責任意識和行為的基本特徵，並從企業內外部環境角度（涉及地理區域、形成方式、企業經濟類型、企業規模、企業壽命、家族控制程度、企業家特質）進行比較。描述性統計分析揭示：

第一，在家族企業社會責任意識兩個維度中，家族企業社會責任收益意識強於企業社會責任成本意識；不同地理區域、形成方式（轉制情況）、企業規模、家族所有權、家族管理權、企業家文化程度、企業家行業工作經驗的家族企業社會責任意識可能不同。

第二，在家族企業社會責任行為三個維度中，家族企業對外部人責任表現較好，公共責任表現次之，內部人責任表現最差；在家族企業對外部人責任行為表現的五個子維度中，家族企業對供應商和分銷商責任表現最差，對消費者和債權人責任表現相對較好，對同行競爭者的責任表現最好；在家族企業公共責任行為表現三個子維度中，家族企業對法律和倫理責任表現最好，對環境責任表現次之，對社區責任表現最差；在家族企業內部人責任行為表現三個子維度中，家族企業對員工責任表現最好，對投資者責任表現次之，對企業高管人員責任表現最差；不同地理區域、家族所有權、家族管理權、家族代際傳承情況、企業家年齡結構、企業家文化程度、企業家行業工作經驗的家族企業社會責任行為表現可能不同。

第三，家族企業社會責任收益意識、社會責任成本意識強於非家族企業；同時，家族企業對內部人責任、外部人責任和

公共責任行為表現好於非家族企業。

　　第四章，家族涉入與企業社會責任。利用418家樣本民營企業的調查數據，採用因子分析、多元迴歸分析等分析方法，首先比較家族企業與非家族企業社會責任行為表現的差異性；在此基礎上，探討家族權力（家族所有權、家族管理權）、家族經驗（一代所有或管理）及家族文化（家族承諾文化）對家族企業社會責任行為的主要影響。結果顯示：

　　第一，中國家族企業對內部人（投資者、員工）責任、外部人（債權人、商業夥伴、消費者）責任及公共（社區、法律和倫理）責任好於非家族企業。

　　第二，家族所有權對家族企業的內部人（投資者、員工）責任、外部人（消費者）責任有顯著的正向影響，家族管理權對家族企業的外部人（債權人）責任有顯著的正向影響，儘管家族所有權與管理權對家族企業公共責任無顯著的影響，但對環境責任、法律和倫理責任有顯著的正向影響；由創業者所有或管理的家族企業，對外部人（商業夥伴）責任表現明顯好於其他類型家族企業；家族文化對家族企業社會責任各子維度均有顯著的正向影響。

　　第五章，家族企業社會責任與企業績效：內部能力與外部關係的調節效應。利用351家樣本家族企業的調查數據，採用因子分析、多元迴歸分析等分析方法，在將家族企業社會責任區分為內部人責任、外部人責任和公共責任的基礎上，實證檢驗了家族企業社會責任與企業績效關係以及家族企業內部能力和外部關係的調節效應。結果顯示：

　　第一，具有高內部能力（製造能力、吸收能力）的家族企業中，內部人責任對企業績效的影響更大；具有高吸收能力的家族企業中，公共責任對企業績效的影響更小；具有高密度、大範圍關係網絡的家族企業中，外部人責任對企業績效的影響更大。

第二，具有高內部能力（製造能力、吸收能力）的家族企業中，內部人責任對企業績效有顯著的正向影響，公共責任對企業績效有顯著的負向影響。具有低吸收能力的家族企業中，內部人責任對企業績效有顯著的負向影響；具有低密度關係網絡的家族企業中，內部人責任對企業績效有顯著的正向影響，公共責任對企業績效有顯著的負向影響；具有大範圍關係網絡的家族企業中，公共責任對企業績效有顯著的負向影響。

第六章，家族企業社會責任與員工組織認同：家族所有權與家族承諾的影響。利用351家樣本家族企業調查數據，實證檢驗了家族企業社會責任與員工組織認同關係以及家族所有權和家族承諾的影響。結果顯示：

第一，家族所有權對家族企業內部人（投資者、員工）責任、外部人（消費者）責任有顯著的正向影響，儘管家族所有權對公共責任無顯著的影響但對環境責任、法律和倫理責任有顯著的正向影響；家族承諾在家族所有權與家族企業內部人（投資者、員工）責任、外部人（商業夥伴、消費者）責任和公共（環境）責任之間起正向調節作用。這表明，在家族「強承諾」的家族企業中，家族所有權對內部人（投資者及員工）責任、外部人（商業夥伴及消費者）責任、公共（環境）責任的正向影響更大。

第二，家族承諾對家族企業員工組織認同有顯著的正向影響。

第三，家族企業內部人（投資者、員工）責任、公共（社區）責任對員工組織認同有顯著的正向影響，並在家族承諾與員工組織認同之間起部分仲介作用。

第七章，典型案例。利用宗申產業集團有限公司、力帆實業（集團）股份有限公司、重慶陶然居飲食文化（集團）有限公司、重慶德莊實業（集團）有限公司、重慶周君記火鍋食品有限公司案例，對轉型經濟背景和儒家文化傳統下的中國

家族企業的社會責任實踐進行了較為系統深入的分析研究,主要關注家族企業的社會責任意識和行為表現。主要結論如下:

第一,現階段中國大中型家族企業具有較好的社會責任意識和社會責任行為表現。

第二,家族企業主(所有者/管理者)對家族企業社會責任具有重要的影響。

第三,履行社會責任是中國家族企業持續成長與發展的動力源泉。

1.5.2 本書特色與創新之處

總體上看,本研究對中國家族企業社會責任研究具有重要的推進,之前國內學術界缺少專門針對中國家族企業社會責任領域的相關研究成果,而有關中國不同地區家族企業社會責任的較大樣本的經驗研究成果更是空白。本書特色與創新之處集中體現在:

(1)構建並量化了適合中國家族企業社會責任實踐的家族企業社會責任意識和行為的多維度變量與內容及測評指標體系,為後續研究奠定了堅實基礎。

(2)通過跨地區、跨行業的較大樣本的企業調查和經驗研究,探討了現階段中國家族企業社會責任意識和行為及基本特徵,拓展和豐富了相關學術領域。

(3)分類研究了不同維度的家族涉入變量對家族企業社會責任行為的主要影響,實證了家族性因素是影響現階段中國家族企業社會責任行為的重要變量,彌補了目前國內學術界從家族涉入視角研究中國家族企業社會責任問題的系統性研究成果幾近空白的缺陷。

(4)將家族企業社會責任與企業績效關係放入到家族企業內部能力、外部關係的角度進行分析,實證了家族企業的內部能力、外部關係在家族企業社會責任與企業績效之間起調節

作用，表明了家族企業社會責任與企業績效關係存在情境依賴性特徵，從而彌補了目前國內學術界的側重於採用理論分析或典型案例分析方法直接探討家族企業社會責任與企業績效關係的研究缺陷。

（5）將家族性特徵與家族企業員工組織認同關係放入到企業社會責任的視角進行分析，並探討了家族所有權、家族承諾對家族企業員工組織認同的影響，實證了家族承諾是影響家族企業員工組織認同的重要變量，家族企業社會責任在家族承諾與員工組織認同之間起部分仲介作用；家族承諾在家族所有權與家族企業社會責任之間的調節效應。從而彌補了目前學術界側重於直接探討家族性特徵與家族企業員工組織認同關係，並主要停留在家族文化價值觀等因素對家族企業員工組織認同的直接影響等研究缺陷。

2
中國家族企業社會責任的測量

　　科學地界定家族企業社會責任的內涵並對其進行實證測量，是家族企業社會責任研究領域的基礎性工作，也是目前國內外學術界有關家族企業社會責任問題研究中相對忽視的一個研究主題，尤其是有關轉型經濟背景和儒家文化傳統下的中國非上市家族企業社會責任的實證測量研究更是空白。

　　不同社會文化背景和制度安排下的個人和組織對企業社會責任概念認同和維度分類存在一定的差異性（Matten & Moon, 2008），而家族企業由於家族性因素的影響使其社會責任意識與行為表現（維度分類與主要內容）與非家族企業相比可能存在一定的差異（Déniz & Suárez, 2005; Niebm, Swinney & Miller, 2008）。轉型經濟背景與儒家文化傳統下的中國家族企業社會責任意識與行為表現的基本維度與主要內容是什麼？與西方發達國家的家族企業相比是否存在明顯的差異？

　　對此，本章將利用 2010 年 5～7 月對浙江、重慶兩地 351 家樣本家族企業的調查數據，探討適合中國家族企業社會責任實踐的家族企業社會責任意識和行為的基本維度與內容及測評指標體系，以期為轉型經濟背景與儒家文化傳統下的中國家族企業社會責任問題研究奠定基礎。

2.1 文獻綜述

2.1.1 中國企業社會責任的測量

有關中國企業社會責任的測量問題，以帶有商業性質的評價指標體系為主，中國紡織企業社會責任管理體系（CSC 9000T）是中國首次推出的企業社會責任測評指標體系，該標準從中國國情出發並參照國際標準制定，測量指標體系涉及以下幾個方面的內容：管理體系，勞動合同，強迫或強制勞動，工作時間，薪酬與福利，工會組織與集體談判權，歧視、騷擾與虐待，職業健康與安全。李立清和李燕凌（2005）從勞工權益、人權保障、社會責任管理、商業道德和社會公益行為5大要素出發構建了一個中國企業社會責任測量指標體系，分13個子因素共38個三級指標。沈洪濤（2005）利用中國上市公司財務報告的內容分析，將財務報表中的資產負債表編碼成由股東、債權人、客戶、供應商、員工和政府利益相關者關係組合，由此確定了每一個公司利益相關者的業績指標得分。沈洪濤（2005）的研究雖然較創新性地建立了一套中國上市公司利益相關者關係評價體系，但僅基於資產負債表來判斷企業社會責任履行情況的做法值得商榷。金立印（2006）從消費者視角開發了一組測評企業社會責任運動的量表體系，該指標體系從5個維度設計了16個評價指標。姜萬軍、楊東寧和周長輝（2006）構建了專門針對中國民營企業社會責任行為表現的測評指標體系，該指標體系主要涉及以下三個方面的內容：第一，企業經濟關係類指標，如基本財務績效水準、企業對外部社會的經濟貢獻水準。第二，社會關係類指標，如企業內部員工權益保護、企業外部利益相關者權益保護。第三，自

然關係類指標，如企業對其生產經營所在地的生態環境的影響程度、企業大尺度資源環境影響程度/企業具體環境表現。但由於該測量指標體系的數據（如財務數據）獲取比較困難，導致測量指標體系的應用受到很大限制。石軍偉、胡立君和付海豔（2009）通過7個方面的內容來測量企業社會責任行為：環境保護、慈善活動、遵守社會規範與倫理、高質量產品或服務、員工發展、股東等重要利益相關者利益及社會責任活動的績效評估體系，但該量表沒有包括商業夥伴、社區、政府等利益相關者的責任。徐尚昆和楊汝岱（2009）通過對630位企業總經理或董事長的實地訪談調研，最終歸納出中國企業社會責任的5個主要維度（即員工發展、顧客導向、環境保護、公益慈善、經濟責任）包括20個測量題項的測評指標體系。辛杰（2010）採用問卷調查法將企業社會責任區分為員工責任、股東責任、消費者責任、供應商責任、債權人責任、社區責任、政府責任、環境資源責任、慈善責任10類，包含了37個二級評價指標和25個三級評價指標。鄭海東（2007）基於利益相關者理論，將企業社會責任區分為3個不同的維度，即對企業內部人（股東、管理人員和員工）的責任、對企業外部商業夥伴（債權人、供應商、分銷商和顧客）的責任、對社會公眾（環境、社區和政府）的責任，開發了相應的企業社會責任行為問卷，並對問卷的信度和效度進行了檢驗。鄭海東（2007）對企業社會責任的劃分比較清晰，責任指向對象明顯，量表操作性強，是本研究的重要基礎。

2.1.2 家族企業社會責任的測量

（1）國外學術界有關家族企業社會責任的測量

目前國外學術界有關家族企業社會責任的測量，基本上是借鑑一般企業社會責任的量化方法並對其進行實證測量（Gallo, 2004; Déniz & Suárez, 2005; Dyer & Whetten, 2006;

Niebm、Swinney & Miller，2008；Bingham et al.，2011）。如 Gallo（2004）的實證研究揭示，家族企業社會責任包括創造經濟財富、向社會提供有益產品和服務、支持員工全面發展、確保企業持續經營四種內部社會責任以及對教育的支持、環境保護等外部社會責任；Déniz 和 Suárez（2005）採用 Quazi 和 O'Brien（2000）的一般企業社會責任模型，通過對 112 家西班牙家族企業的實證研究，將家族企業社會責任區分為狹義的社會責任（即社會責任成本）和廣義的社會責任（即社會責任收益）兩個維度；Dyer 和 Whetten（2006）、Bingham 等（2011）採用 KLD 的社會責任評價方法，將家族企業社會責任劃分為社區、差異性、就業、環境、非美國營運環境、產品和其他；Niebm、Swinney 和 Miller（2008）將處於農村社區小型家族企業的社會責任區分為社區承諾、社區支持和社區意識三個維度，並指出這三個維度解釋了 43% 的農村社區小型家族企業社會責任的變化。

（2）國內學術界有關中國家族企業社會責任的測量

關於中國家族企業社會責任的測量問題，目前國內學術界僅有極少數學者以上市家族公司為研究樣本進行了測量（謝文武、許曉，2010；張彤，2011）。例如，謝文武和許曉（2010）以「每股社會貢獻」作為家族企業社會責任行為表現的測量指標，其中，「每股社會貢獻」用「（淨利潤＋向銀行支付的利息＋向員工支付的工資和福利總額＋上交的稅收總額＋對外捐贈＋經營戶讓利－環境污染造成的處罰）／公司總股本」來測量；張彤（2011）從股東、債權人、政府、員工、供應商、消費者和社會公眾七個利益相關者角度，選取「每股收益、每股淨資產增長率、利息保障倍數、股東權益比率、稅收比率、稅收增長率、工資福利率、工資福利增長率、應付帳款週轉率、貨幣資金與應付帳款比率、主營業務收入成本

率、銷售收入增長率、捐贈比率、捐贈比率增長率」14個指標作為上市家族公司社會責任行為表現的量化指標,進而探討了家族企業履行社會責任與其市場價值的相關性。需要指出的是,中國家族企業以非上市中小家族企業為主體,非上市中小家族企業社會責任行為表現與上市家族企業相比可能存在較大的差異,但目前國內學術界缺少專門針對中國非上市家族企業社會責任行為表現的測量指標體系。

2.2 變量設計

為保證調查問卷的信度和效度,本研究有關家族企業社會責任意識、家族企業社會責任行為的測量題項,盡量參考借鑑國內外現有文獻已經發展並實證檢驗的成熟量表中的測量條款,並結合家族企業實地訪談結果(即考慮家族性因素的影響),從而形成相關的測量題項。

2.2.1 家族企業社會責任意識

有關家族企業社會責任意識的測量,直接借鑑了《2008·中國企業家隊伍成長與發展十五年調查綜合報告》的研究成果,具體測量條款見表2.1。

表 2.1　　家族企業社會責任意識的操作變量

測量題項	變量描述
f1q1	創造經濟財富是企業的根本責任
f1q2	承擔社會責任會進一步提升企業的形象和聲譽
f1q3	承擔社會責任會增加企業的成本
f1q4	企業社會責任是企業發展到一定階段才能顧及的
f1q5	企業社會責任是企業基本責任之外的責任

2.2.2 家族企業社會責任行為

有關家族企業社會責任行為的測量，直接借鑑了鄭海東（2007）、陳宏輝（2004）的研究成果並結合半結構的實地訪談，形成了本研究有關家族企業社會責任行為的測量條款（見表2.2）。鄭海東（2007）和陳宏輝（2004）的兩項研究成果把企業的利益相關者界定為股東、管理人員、員工、債權人、供應商、分銷商、消費者、政府、自然環境和社區10種，又進一步根據重要性、緊急性和主動性三個維度的綜合評分把這10種利益相關者分為核心利益相關者、蟄伏利益相關者和邊緣利益相關者三類。借鑑上述研究成果，把家族企業社會責任行為表現區分為內部人責任（即對投資者、管理者和員工承擔的責任）、外部人責任（對債權人、供應商、分銷應與消費者承擔的責任）和公共責任（對環境、社區、政府承擔的責任，以及法律和倫理責任）三個維度。

表2.2　　家族企業社會責任行為的操作變量

名義變量	測量題項	變量描述
投資者責任	F2q1	投資者對企業的投資回報非常滿意
	F2q2	企業及時向投資者提供全面真實的信息
高管責任	F2q3	企業實施的高層管理人員薪酬政策在本地有競爭力
	F2q4	企業高層管理人員深得所有者信任且人際關係融洽
普通員工責任	F2q5	企業按新勞動合同法與全部員工都簽訂了勞動合同
	F2q6	企業員工的平均工資水準在本地有競爭力
	F2q7	企業能夠及時足額地發放各類員工的工資
	F2q8	企業對員工的非自願性工作給予了合理的報酬
	F2q9	企業員工發生職業病和工傷事故數目比同行少
	F2q10	企業對員工的教育培訓比同行好
債權人責任	F2q11	企業按時足額償還企業的所有債務
	F2q12	企業與債權人合作關係穩定並注重長期合作

表2.2(續)

名義變量	測量題項	變量描述
供應商責任	F2q13	企業按時足額支付供應商的貨款
	F2q14	企業採購過程中各供應商參與交易的機會平等
分銷商責任	F2q15	企業按合同規定穩定及時地為各分銷商供貨
同行競爭者責任	F2q16	企業在同行競爭中遵守公平競爭原則
消費者責任	F2q17	企業為消費者提供安全和優質的產品或服務
	F2q18	企業向消費者提供的產品信息全面真實沒有誤導
	F2q19	企業能迅速處理消費者的抱怨、退貨和賠償要求
環境責任	F2q20	企業能妥善處理生產生活中產生的各種廢棄物和危險品
社區責任	F2q21	企業積極從事慈善事業，盡可能多地為社會提供捐贈
	F2q22	企業關注經濟上處於弱勢的群體，並經常提供各種幫助
	F2q23	企業積極為本地文教事業等公益事業提供經濟支持
	F2q24	企業的就業機會在同等條件下優先照顧當地社區
	F2q25	企業不干擾企業所在社區居民的正常生活
政府責任	F2q26	企業及時足額繳納各種稅款
法律責任	F2q27	企業遵守各項法律法規並依次要求員工
倫理責任	F2q28	企業遵守社會規範和倫理傳統並依次要求員工

2.3　效度與信度檢驗

2.3.1　樣本與數據收集

本章所採用的數據主要來自2010年5~7月對浙江和重慶兩省（直轄市）家族企業的問卷調查。樣本與數據收集的具體情況見1.4.2。

2.3.2　操作變量的描述性統計分析

為了檢驗測量工具的效度和信度，本研究除了使用探索性因子分析（EFA）之外，也使用結構方程模型（SEM）的專

門軟件 AMOS 進行驗證性因子分析（CFA）。

在結構方程模型中使用驗證性因子分析，樣本容量（N）對擬合效果有直接的影響。但對於樣本容量究竟需要多少才算合適，意見不統一。Boomsma（1982）建議 N 至少大於 100，大於 200 更好；Nunnally（1967）認為應當根據測量題項的數目來確定 N，N 應當達到測量題項數的 10 倍以上；Tanaka（1987）、Bollen（1989）和 Bentler（1989）則認為，樣本容量的選擇標準是，樣本量：自由度 >5 : 1。根據以上標準，本研究有關家族企業社會責任意識的樣本容量為 347 個，家族企業社會責任行為的樣本容量為 303 個，滿足所有的測量標準。

另外，由於使用結構方程模型來檢驗理論模型的信度和效度時，結構方程模型的假設前提之一是要求變量數據符合正態分佈。根據 Kline（1998）的建議，當偏度（Skewness）的絕對值小於 3.0，峰度（Kurtoisis）的絕對值小於 10.0 時，可以認為數據符合正態分析。

（1）家族企業社會責任意識

對家族企業社會責任意識的所有測量題項進行描述性統計分析，分析結果見表 2.3。由表 2.3 可知，有關家族企業社會責任意識的所有測量題項的偏度絕對值最大為 0.462，低於參考值 3.0；峰度的絕對值最大值為 0.732，遠低於參考值 10.0。因此，可以認為有關家族企業社會責任意識的數據符合正態分佈。

表 2.3　家族企業社會責任意識操作變量的描述性統計分析

	樣本容量	均值		偏度		峰度	
	統計量	統計量	標準差	統計量	標準差	統計量	標準差
f1q1	349	3.9169	0.875,25	−0.407	0.131	−0.343	0.260
f1q2	348	4.0259	0.839,87	−0.431	0.131	−0.615	0.261
f1q3	350	3.6171	1.010,97	−0.381	0.130	−0.354	0.260

表2.3(續)

	樣本容量	均值		偏度		峰度	
	統計量	統計量	標準差	統計量	標準差	統計量	標準差
f1q4	350	3.4943	1.056,42	-0.462	0.130	-0.432	0.260
f1q5	348	3.2529	1.216,77	-0.359	0.131	-0.732	0.261

(2) 家族企業社會責任行為

對家族企業社會責任行為的所有測量題項進行描述性統計分析，分析結果見表2.4。由表2.4可知，有關家族企業社會責任行為的所有測量題項的偏度絕對值最大為0.892，低於參考值3.0；峰度的絕對值最大值為0.879，遠低於參考值10.0。因此，可以認為有關家族企業社會責任行為的數據符合正態分佈，能夠用於結構方程模型分析。

表2.4 家族企業社會責任行為的操作變量的描述性統計分析

	樣本容量	均值		偏度		峰度	
	統計量	統計量	標準差	統計量	標準差	統計量	標準差
f2q1	347	3.5994	0.865,72	-0.229	0.131	0.045	0.261
f2q2	342	3.8216	0.828,59	-0.092	0.132	-0.777	0.263
f2q3	350	3.6057	0.849,05	-0.193	0.130	-0.007	0.260
f2q4	350	3.6943	0.866,92	-0.135	0.130	-0.427	0.260
f2q5	346	3.8295	0.927,74	-0.509	0.131	-0.049	0.261
f2q6	348	3.6322	0.902,96	-0.152	0.131	-0.321	0.261
f2q7	349	3.9656	0.937,08	-0.564	0.131	-0.320	0.260
f2q8	347	3.7983	0.918,47	-0.422	0.131	-0.301	0.261
f2q9	345	3.8058	0.924,46	-0.271	0.131	-0.632	0.262
f2q10	349	3.5731	0.873,27	-0.147	0.131	-0.044	0.260
f2q11	348	3.8649	0.937,00	-0.320	0.131	-0.879	0.261
f2q12	347	3.9280	0.872,18	-0.464	0.131	-0.230	0.261
f2q13	349	3.7966	0.932,42	-0.333	0.131	-0.484	0.260

表2.4(續)

	樣本容量	均值		偏度		峰度	
	統計量	統計量	標準差	統計量	標準差	統計量	標準差
f2q14	348	3.8132	0.899,66	-0.340	0.131	-0.547	0.261
f2q15	349	3.8195	0.883,48	-0.393	0.131	-0.292	0.260
f2q16	346	3.9538	0.899,69	-0.605	0.131	-0.017	0.261
f2q17	348	4.0000	0.848,80	-0.683	0.131	0.284	0.261
f2q18	349	3.8453	0.893,21	-0.372	0.131	-0.394	0.260
f2q19	348	3.8736	0.905,37	-0.380	0.131	-0.472	0.261
f2q20	344	3.8314	0.981,19	-0.625	0.131	-0.096	0.262
f2q21	349	3.6848	1.007,63	-0.404	0.131	-0.355	0.260
f2q22	346	3.5751	1.033,56	-0.329	0.131	-0.512	0.261
f2q23	347	3.5591	1.022,21	-0.308	0.131	-0.347	0.261
f2q24	349	3.6991	0.996,27	-0.350	0.131	-0.407	0.261
f2q25	350	3.8771	0.957,13	-0.560	0.130	-0.080	0.260
f2q26	351	4.1709	0.871,36	-0.678	0.130	-0.304	0.260
f2q27	348	4.0144	0.967,67	-0.892	0.131	0.561	0.261
f2q28	347	3.9942	0.973,62	-0.820	0.131	0.384	0.261

2.3.3 效度與信度檢驗

本研究對家族企業社會意識的效度檢驗採用探索性因子分析方法，有關家族企業社會責任行為的效度檢驗採用探索性因子分析和驗證性因子分析方法。

（1）家族企業社會責任意識

對家族企業社會責任意識的測量指標體系進行探索性因子分析，產生了兩個明顯的社會責任意識維度，分別定義為社會責任收益意識和社會責任成本意識，見表2.5；同時，該量表的KMO為0.631，Bartlett球形檢驗值的顯著性水準為0.000，因子載荷最低為0.737，累計方差解釋能力為69.614%。

信度檢驗顯示，家族企業社會責任意識總量表的 Cronbach α 值為 0.663，社會責任收益意識的 Cronbach α 值為 0.705，社會責任成本意識的 Cronbach α 值為 0.715。

因此，將家族企業社會責任意識區分為社會責任收益意識和社會責任成本意識是合適的。

表 2.5　家族企業社會責任意識的因素提取

	因子載荷	
	社會責任成本意識	社會責任收益意識
企業社會責任是企業發展到一定階段才能顧及的	0.845	0.148
企業社會責任是企業基本責任之外的責任	0.807	-0.004
承擔社會責任會增加企業的成本	0.737	0.116
承擔社會責任會進一步提升企業的形象和聲譽	0.073	0.876
創造經濟財富是企業的根本責任	0.110	0.868

註：(1) Extraction method: Principal Component Analysis.
(2) Rotation method: Varimax with Kaiser Normalization.

(2) 家族企業社會責任行為

對家族企業社會責任行為的測量指標體系進行探索性因子分析，產生了三個明顯的社會責任行為維度，即內部人責任（ICSR，涉及投資者利益、員工發展）、外部人責任（OCSR，涉及債權人保護、商業夥伴與消費者利益）、公共責任（PCSR，涉及環境保護、社區意識、法律和倫理意識），見表 2.6；同時，該量表的 KMO 為 0.939，Bartlett 球形檢驗值的顯著性水準為 0.000，因子載荷最低為 0.512，累計方差解釋能力為 51.515%。

表2.6　　家族企業社會責任行為表現的因素提取

	因子負載		
	外部人責任 （OCSR）	公共責任 （PCSR）	內部人責任 （ICSR）
企業向消費者提供的產品信息全面真實沒有誤導	0.712	0.049	0.152
企業在同行競爭中遵守公平競爭原則	0.695	0.250	0.061
企業為消費者提供安全和優質的產品或服務	0.680	0.033	0.276
企業按時足額支付供應商的貨款	0.672	0.289	0.125
企業按合同規定穩定及時地為各分銷商供貨	0.665	0.169	0.263
企業能迅速處理消費者的抱怨、退貨和賠償要求	0.639	0.185	0.210
企業採購過程中各供應商參與交易的機會平等	0.577	0.239	0.316
企業與債權人合作關係穩定並注重長期合作	0.573	0.384	0.163
企業按時足額償還企業的所有債務	0.567	0.366	0.203
企業積極為本地文教事業等公益事業提供經濟支持	0.047	0.700	0.350
企業遵守各項法律法規並依次要求員工	0.391	0.683	0.081
企業遵守社會規範和倫理傳統並依次要求員工	0.381	0.674	0.125
企業積極從事慈善事業,盡可能多地為社會提供捐贈	0.103	0.673	0.369
企業不干擾企業所在社區居民的正常生活	0.383	0.669	0.087
企業的就業機會在同等條件下優先照顧當地社區	0.130	0.652	0.275
企業關注經濟上處於弱勢的群體,並經常提供各種幫助	0.139	0.645	0.370
企業能妥善處理生產生活中產生的各種廢棄物和危險品	0.349	0.514	0.321
企業員工的平均工資水準在本地有競爭力	0.014	0.093	0.775
企業實施的高層管理人員薪酬政策在本地有競爭力	0.112	0.279	0.644
企業高層管理人員深得所有者信任且人際關係融洽	0.277	0.223	0.588
企業能夠及時足額地發放各類員工的工資	0.389	0.092	0.576
企業對員工的非自願性工作給予了合理的報酬	0.356	0.113	0.567
企業對員工的教育培訓比同行好	0.114	0.283	0.555
企業員工發生職業病和工傷事故數目比同行少	0.300	0.187	0.526
投資者對企業的投資回報非常滿意	0.103	0.297	0.522
企業及時向投資者提供全面真實的信息	0.289	0.299	0.518
企業按新勞動合同法與全部員工都簽訂了勞動合同	0.378	0.161	0.512

註：（1）Extraction method：Principal Component Analysis；
　　（2）Rotation method：Varimax with Kaiser Normalization.

對家族企業社會責任行為的測量指標體系進行驗證性因子分析的結果顯示，家族企業社會責任行為三因子的一階、二階模型的相關擬合指標如 $X^2/df = 1.854$，GFI = 0.868，AGFI = 0.844，CFI = 0.923，IFI = 0.924，NFI = 0.849，RMSEA = 0.053，PNFI = 0.771，PGFI = 0.839；所有觀測變量的標準化因子負載在 0.55～0.72 之間，主要集中在 0.7 左右，並且均達到顯著性水準；AVE 接近或大於 0.5。

信度檢驗顯示，家族企業社會責任行為總量表的 Cronbach α 值為 0.937，內部人責任量表的 Cronbach α 值為 0.851，外部人責任量表的 Cronbach α 值為 0.884，公共責任量表的 Cronbach α 值為 0.874。

綜合多個指數來看，將家族企業社會責任行為區分為內部人責任、外部人責任和公共責任三個維度是完全合適的。

表 2.7　家族企業社會責任行為測量模型整體的擬合優度

整體擬合優度指標	一階模型	二階模型
絕對擬合優度指數		
X^2/df	1.854	1.854
GFI	0.868	0.868
AGFI	0.844	0.844
RMSEA	0.053	0.053
增值擬合優度指數		
NFI	0.849	0.849
IFI	0.924	0.924
CFI	0.923	0.923
簡約擬合優度指數		
PNFI	0.771	0.771
PGFI	0.839	0.839

2 中國家族企業社會責任的測量

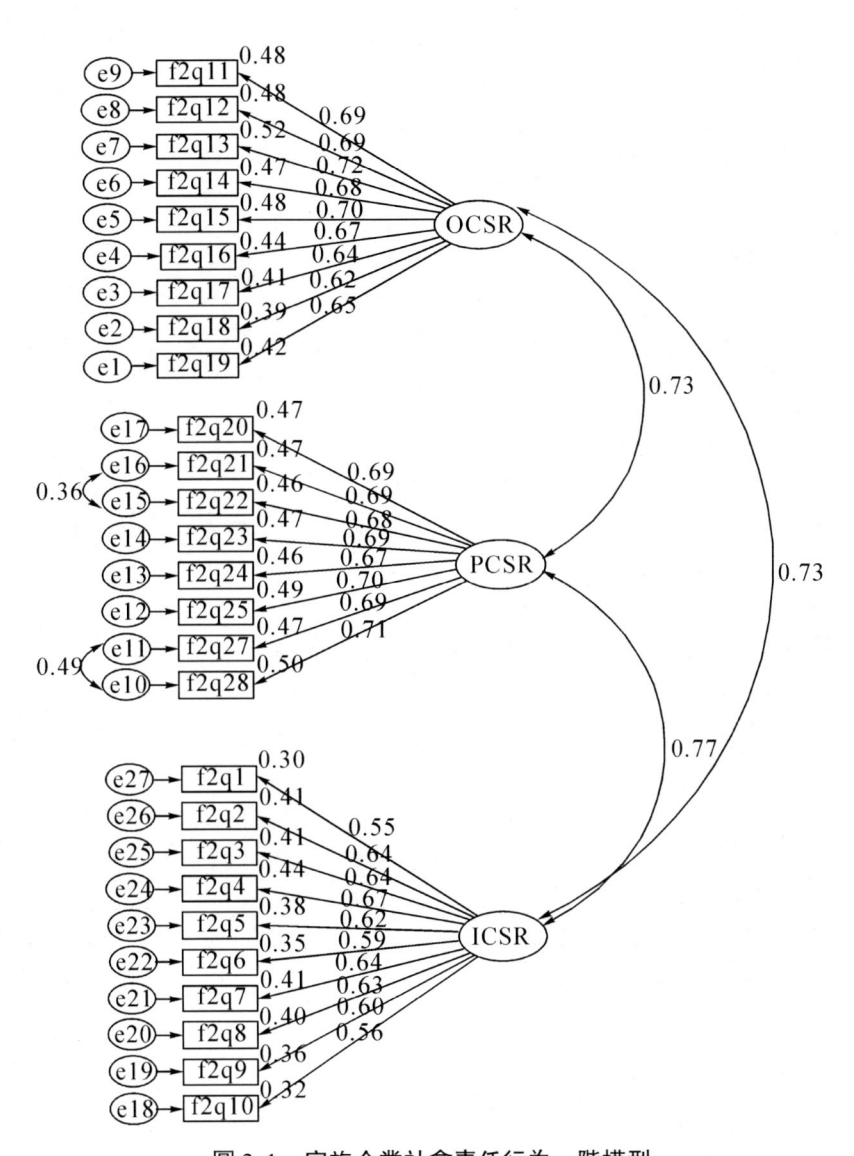

圖2.1 家族企業社會責任行為一階模型

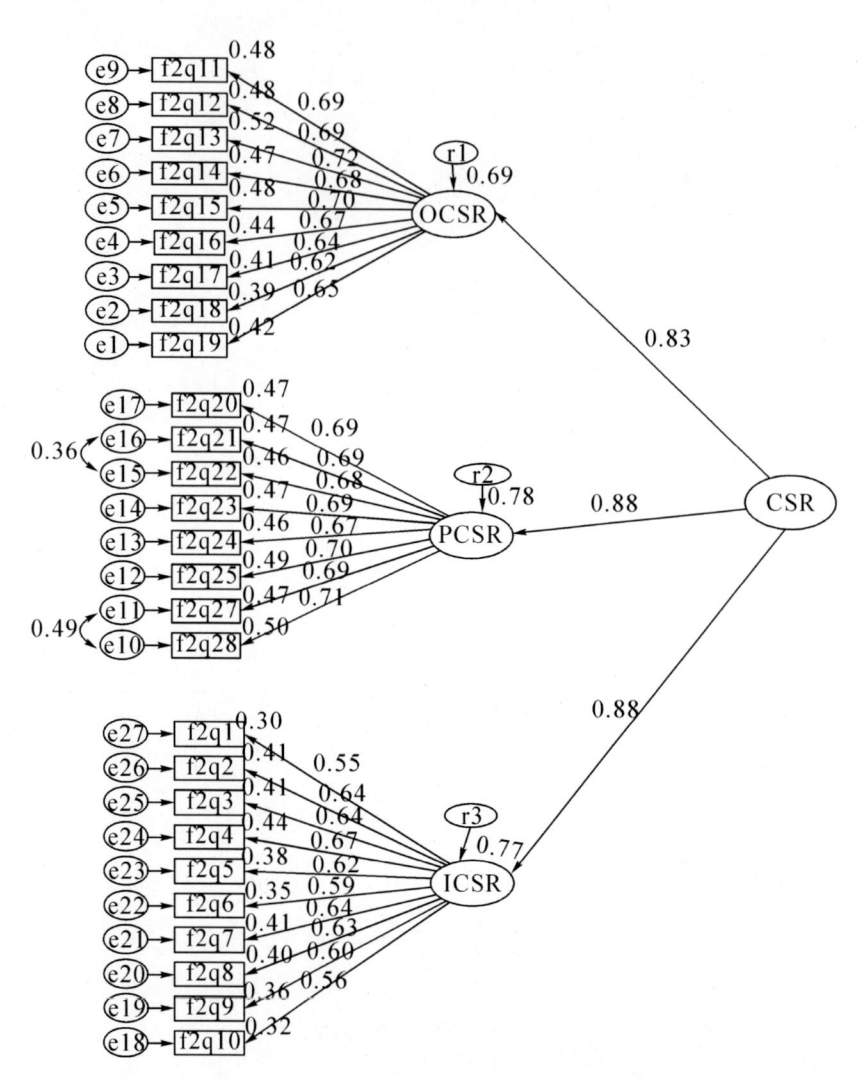

圖 2.2　家族企業社會責任行為二階模型

2.4 結論與啟示

2.4.1 研究結論

基於浙江和重慶兩地樣本家族企業的調查數據，採用探索性因子分析、驗證性因子分析等分析方法，本章探討了適合現階段中國家族企業社會責任實踐的基本維度與內容及測評指標體系，並對測評指標體系進行了實證檢驗。主要結論如下：

第一，現階段中國家族企業社會責任意識可區分為家族企業社會責任收益意識和企業社會責任成本意識兩個不同的維度。

第二，從利益相關者角度來看，中國家族企業社會責任行為可具體界定為企業內部人（投資者、員工）責任、外部人（債權人、供應商、分銷商、同行競爭者、消費者）責任及公共（環境、社區、法律和倫理）責任三個不同維度。

2.4.2 研究啟示

（1）理論意義

本研究的理論意義集中體現在：為轉型經濟背景和儒家文化傳統下的中國家族企業社會責任問題研究奠定了基礎。總體上看，目前學術界缺少專門針對中國家族企業社會責任的測評指標體系，現有成果主要散布於中國民營企業或私營企業社會責任的相關研究成果之中（姜萬軍、楊東寧、周長輝，2006；陳旭東、餘遜達，2007），或散布於中國上市家族公司的相關研究成果之中（謝文武、許曉，2010；張彤，2011），專門針對以非上市家族企業為主體的中國家族企業社會責任的實證測量研究還是空白。

（2）實踐意義

本研究結論對中國家族企業社會責任及成長實踐有重要啟示：

第一，本研究揭示，家族企業社會責任意識可具體區分為企業社會責任收益意識和企業社會責任成本意識兩個不同的維度，這為實踐者提供了重要啟示，表明家族企業領導人應樹立正確的社會責任觀，充分認識履行企業社會責任可能帶來的收益和成本，那種過於強調企業社會責任某一方面的做法都是不恰當的。

第二，本研究揭示，中國家族企業社會責任行為表現存在內部人責任、外部人責任和公共責任三個不同的維度，這為研究者和實踐者提供了重要啟示，表明對現階段中國家族企業社會責任行為的評估應區分不同的利益相關者分別進行，

（3）局限性及進一步深入研究的問題

當然，受研究環境和研究者能力限制，本研究存在一定的局限性。具體體現在：

第一，有關中國家族企業社會責任意識的測量指標體系較簡單，僅僅考慮了兩個企業社會責任收益類指標、三個企業社會責任成本類指標。

第二，在中國家族企業社會責任行為的測量中，有關同行競爭者責任、環境責任和政府責任的測量指標太少，僅僅使用了一個測量指標來進行評價，從而降低了研究結論的可信度和說服力。

因此，未來研究中應增大衡量家族企業社會責任意識、同行競爭者責任、環境責任和政府責任等的測量指標，從而構建更能客觀反應中國家族企業社會責任實踐的測量指標體系。

3

中國家族企業社會責任的
基本特徵及比較

3.1 引言

  家族企業是家族涉入企業所形成的複雜系統（蓋爾希克等，1998），家族作為獨特的社會組織在企業組織中的嵌入及企業主要的最終控制人，對家族企業社會責任意識與行為可能產生重要的影響，從而導致家族企業社會責任意識和行為與一般企業相比可能存在較大的差異（Déniz & Suárez, 2005；Dyer & Whetten, 2006；Niebm, Swinney & Miller, 2008；Bingham et al., 2011）；不同類型的家族企業由於家族涉入維度與內容的差異性（Chua, Chrisman & Sharma, 1999；Klein, Astrachan & Smyrnios, 2005），導致其社會責任意識和行為也可能存在一定的差異性（Déniz & Suárez, 2005；Dyer & Whetten, 2006；Bingham et al., 2011）。轉型經濟背景和儒家文化傳統下的中國家族企業社會責任意識和行為表現有哪些基本的特徵？不同類型家族企業（如不同地理區域、行業屬性、形成方式、企業經濟類型、企業規模、企業壽命、家族控制程度、企業家特質等）的社會責任意識和行為表現是否存在明顯的差異？此

外，與非家族企業相比，現階段中國家族企業社會責任意識和行為表現如何？對於上述問題，目前國內學術界的系統性研究成果還是空白。

對此，本章將利用2010年5~7月對浙江和重慶兩地家族企業的問卷調查數據，採用描述性統計分析方法（獨立樣本的T檢驗、單因素方差分析等分析方法），探討現階段中國家族企業社會責任意識與社會責任行為表現的基本特徵，並從企業內外部環境角度進行比較，以期對轉型經濟背景下和儒家文化傳統下的中國家族企業社會責任意識和行為有一個初步的認識與把握。

3.2 中國家族企業社會責任意識的基本特徵及比較

3.2.1 中國家族企業社會責任意識的基本特徵

由表3.1可知，總體上看，樣本家族企業社會責任收益意識明顯強於社會責任成本意識，其均值分別為3.96和3.45。配對樣本的T檢驗顯示（見表3.2），該差異性在1%的顯著性水準下是統計顯著的。表明家族企業更強調履行社會責任可能帶來的收益（如社會聲譽）而不是成本。家族企業較強的社會責任收益意識有助於家族企業的社會責任實踐。

表3.1　　家族企業社會責任意識（一）

	N	極小值	極大值	均值	標準差
社會責任收益意識	346	2.00	5.00	3.96	0.75
社會責任成本意識	346	1.00	5.00	3.45	0.88

表 3.2　家族企業社會責任意識的配對樣本的 T 檢驗結果

	均值	標準差	均值的標準誤	T	自由度	Sig（雙尾）
社會責任收益意識－社會責任成本意識***	0.52390	1.03185	0.05580	9.372	341	0.000

　　由表 3.3 和表 3.4 可知，大多數樣本家族企業認同「創造經濟財富是企業的根本責任」（均值為 3.92），分別有 138 家和 100 家樣本家族企業「比較同意」和「非常同意」該觀點，各占樣本家族企業總量的 39.5% 和 28.7%；持否定觀點的樣本家族企業僅 16 家，占樣本家族企業總量的 4.6%。相比較而言，有更多的樣本家族企業認同「承擔社會責任會進一步提升企業的形象和聲譽」（均值為 4.02），分別有 142 家和 114 家樣本家族企業「比較同意」和「非常同意」該觀點，各占樣本家族企業總量的 40.8% 和 32.8%；持否定觀點的樣本家族企業僅 13 家，占樣本家族企業總量的 3.7%。

　　但是，也有不少樣本家族企業認為「承擔社會責任會增加企業的成本」。如有 196 家樣本家族企業認為「承擔社會責任會增加企業的成本」，占樣本家族企業總量的 56%；僅有 45 家樣本家族企業對此持否定觀點，占樣本家族企業總量的 12.9%。由於現階段中國家族企業大多為處於創業和成長階段的中小企業，對中小家族企業而言，只有當企業發展到一定階段之後，企業社會責任才能被顧及到，有 196 家樣本企業對此進行了選擇，占樣本家族企業總量的 56%；僅有 66 家樣本家族企業對此持否定觀點，占樣本家族企業總量的 18.9%。此外，也有 161 家樣本家族企業認為，「企業社會責任是企業基本責任之外的責任」，占樣本家族企業總量的 46.3%；對此持否定態度的樣本家族企業僅 87 家，占樣本家族企業總量的 25%。

表3.3　　　　家族企業社會責任意識（二）

	N	極小值	極大值	均值	標準差
創造經濟財富是企業的根本責任	349	1.00	5.00	3.92	0.88
承擔社會責任會進一步提升企業的形象和聲譽	348	2.00	5.00	4.02	0.84
承擔社會責任會增加企業的成本	350	1.00	5.00	3.62	1.01
企業社會責任是企業發展到一定階段才能顧及的	350	1.00	5.00	3.49	1.06
企業社會責任是企業基本責任之外的責任	348	1.00	5.00	3.25	1.22

表3.4　　　　家族企業社會責任意識（三）　　　單位：個、%

	很不同意	不太同意	一般	比較同意	非常同意	合計
創造經濟財富是企業的根本責任	2　0.6	14　4.0	95　27.2	138　39.5	100　28.7	349
承擔社會責任會進一步提升企業的形象和聲譽	0　0	13　3.7	79　22.7	142　40.8	114　32.8	348
承擔社會責任會增加企業的成本	9　2.6	36　10.3	109　31.1	122　34.9	74　21.1	350
企業社會責任是企業發展到一定階段才能顧及的	14　4.0	52　14.9	88　25.1	139　39.7	57　16.3	350
企業社會責任是企業基本責任之外的責任	41　11.8	46　13.2	100　28.7	106　30.5	55　15.8	348

3.2.2　中國家族企業社會責任意識的基本特徵比較

（1）按地理區域比較

地理區域分為兩類：浙江和重慶。對地理區域與樣本家族企業社會責任意識的獨立樣本的T檢驗顯示，重慶家族企業社會責任收益意識明顯強於浙江家族企業（顯著性為0.000），但兩地家族企業在社會責任成本意識方面不存在明顯的差異（顯著性為0.862）。該結論在一定程度上表明，經濟越發達地區的家族企業社會責任收益意識越弱，這可能導致經濟越發達地區家族企業社會責任行為表現越差（Zu & Song, 2009）的重要原因之一。

表 3.5　不同地理區域的家族企業社會責任意識比較

	浙江	重慶	T 值	Sig（雙尾）
社會責任收益意識***	3.75	4.19	-5.766	0.000
社會責任成本意識	3.44	3.46	-0.173	0.862

註：* p<0.1；** p<0.05；*** p<0.01

（2）按形成方式（轉制情況）比較

形成方式（轉制情況）分為兩類：轉制家族企業和非轉制家族企業。對形成方式（轉制情況）與樣本家族企業社會責任意識的獨立樣本的 T 檢驗顯示，轉制家族企業社會責任收益意識可能強於非轉制家族企業（顯著性為 0.066），但兩類家族企業在社會責任成本意識方面不存在明顯的差異（顯著性為 0.762）。可能的解釋是，轉制家族企業轉制前為國有企業或集體企業，普遍效益和社會聲譽較差，因此可能具有更強的通過履行社會責任改善企業形象和聲譽等社會責任收益意識。

表 3.6　不同形成方式的家族企業社會責任意識比較

	轉制企業	非轉制企業	T 值	Sig（雙尾）
社會責任收益意識*	4.14	3.93	1.882	0.066
社會責任成本意識	3.40	3.45	-0.303	0.762

註：* p<0.1；** p<0.05；*** p<0.01

（3）按企業經濟類型比較

企業經濟類型分為兩類：成品製造商和非成品製造商家族企業。對企業經濟類型與樣本家族企業社會責任意識的獨立樣本的 T 檢驗顯示，成品製造商與非成品製造商家族企業社會責任意識不存在明顯的差異（顯著性分別為 0.571、0.395）。

表 3.7　不同企業經濟類型的家族企業社會責任意識比較

	成品製造商	非成品製造商	T 值	Sig（雙尾）
社會責任收益意識	3.94	3.99	-0.567	0.571
社會責任成本意識	3.41	3.49	-0.852	0.395

註：*p<0.1；**p<0.05；***p<0.01

（4）按企業規模比較

企業規模用 2009 年年底企業資產總額來反應，並分為五類：第一類，企業資產總額在 500 萬元以下；第二類，企業資產總額在 501 萬～1000 萬元之間；第三類，企業資產總額在 1001 萬～3000 萬元之間；第四類，企業資產總額在 3001 萬～5000 萬元之間；第五類，企業資產總額在 5001 萬元以上。對企業規模與樣本家族企業社會責任意識進行單因素方差分析（One-way ANOVA）。

方差齊性檢驗顯示，社會責任收益意識（變量）不滿足方差齊性假設（顯著性為 0.002）。對此採用 Tamhane 多重檢驗方法，檢驗企業規模差異對家族企業社會責任收益意識影響的差異特徵。檢驗結果顯示，不同企業資產規模的家族企業社會責任成本意識可能不同（顯著性為 0.054），其中，企業資產規模在 3001 萬～5000 萬元的家族企業社會責任成本意識最強（其均值為 3.64），而企業資產規模在 501 萬～1000 萬元的家族企業社會責任成本意識最弱（其均值為 3.18）；不同企業資產規模的家族企業社會責任收益意識不存在明顯的差異（顯著性為 0.771）。

表 3.8　不同企業規模的家族企業社會責任意識比較

變量	500萬元以下	501萬~1000萬元	1001萬~3000萬元	3001萬~5000萬元	5001萬元以上	齊性檢驗（Sig）	ANVOA（F）	ANVOA（Sig）
社會責任收益意識	3.95	3.89	3.96	3.97	4.08	0.002	0.452	0.771
社會責任成本意識*	3.45	3.18	3.59	3.64	3.41	0.250	2.346	0.054

註：* $p<0.1$；** $p<0.05$；*** $p<0.01$

（5）按企業壽命比較

企業壽命用企業成立時間到 2009 年的時間長度來反應，並分為四類：第一類，企業壽命在 1~5 年；第二類，企業壽命在 6~10 年；第三類，企業壽命在 11~19 年；第四類，企業壽命在 20 年以上。對企業壽命與樣本家族企業社會責任意識進行單因素方差分析。方差齊性檢驗顯示，社會責任收益意識、社會責任成本意識（變量）均滿足方差齊性假設。從檢驗結果來看，不同企業壽命的家族企業社會責任意識不存在明顯的差異（顯著性分別為 0.726、0.257），表明家族企業社會責任意識不會隨著家族企業的成長與發展而增強，家族企業社會責任意識的差異性更可能受其他因素的影響。

表 3.9　不同企業壽命的家族企業社會責任意識比較

變量	1~5年	6~10年	11~19年	20年以上	齊性檢驗（Sig）	ANVOA（F）	ANVOA（Sig）
社會責任收益意識	4.04	3.96	3.91	4.00	0.967	0.438	0.726
社會責任成本意識	3.44	3.56	3.40	3.18	0.937	1.354	0.257

註：* $p<0.1$；** $p<0.05$；*** $p<0.01$

（6）按家族控制程度比較

企業家族控制程度主要採用以下三類指標進行測量：第一類，家族所有權，用企業主及家族成員所持有的股份占企業總股份的比例來測量；第二類，家族管理權，用企業總經理是否

由老板本人或家人擔任情況來測量；第三類，家族代際傳承情況，用家族企業是否由第一代所有或管理來測量。對家族控制程度與樣本家族企業社會責任意識進行單因素方差分析、獨立樣本的 T 檢驗。

第一，家族所有權比較。

對家族所有權與樣本家族企業社會責任意識進行單因素方差分析。方差齊性檢驗顯示，家族企業社會責任收益意識、社會責任成本意識（變量）均滿足方差齊性假設。從檢驗結果來看，不同家族所有權的家族企業社會責任成本意識可能不同（顯著性為 0.076），總體上看，隨著企業家族所有權的增大，家族企業社會責任成本意識增大。這意味著，家族所有權越大的家族企業更可能考慮履行社會責任可能帶來的成本；但不同家族所有權的家族企業社會責任收益意識不存在明顯的差異（顯著性為 0.511）。

表 3.10　不同家族所有權的家族企業社會責任意識比較

	家族成員持股比例 51%~80%	家族成員持股比例 81%~99%	家族成員持股比例 100%	齊性檢驗（Sig）	ANVOA（F）	ANVOA（Sig）
社會責任收益意識	3.87	3.96	3.98	0.843	0.673	0.511
社會責任成本意識*	3.25	3.43	3.52	0.719	2.596	0.076

註：*$p<0.1$；**$p<0.05$；***$p<0.01$

第二，家族管理權比較。

對家族管理權與樣本家族企業社會責任意識的獨立樣本 T 檢驗顯示，企業總經理由老板本人或家人擔任的家族企業社會責任成本意識明顯弱於其他類型的家族企業（顯著性為 0.000），但企業總經理由老板本人或家人擔任的家族企業與其他類型家族企業在社會責任收益意識方面不存在明顯的差異（顯著性為 0.815）。

表3.11 不同家族管理權的家族企業社會責任意識比較

	總經理是老板本人或家人	總經理不是老板本人或家人	T值	Sig（雙尾）
社會責任收益意識	3.96	3.99	-0.234	0.815
社會責任成本意識***	3.34	3.82	-4.253	0.000

註：* p < 0.1；** p < 0.05；*** p < 0.01

第三，按家族代繼傳承情況比較。

對家族代際傳承情況與樣本家族企業社會責任意識的獨立樣本的T檢驗顯示，不同家族代際傳承情況的家族企業在社會責任意識方面不存在明顯的差異（顯著性分別為0.128、0.179），即由第一代所有或管理的家族企業與由後代所有或管理的家族企業在社會責任意識方面不存在明顯的差異。

表3.12 不同家族代際傳承情況的家族企業社會責任意識比較

	一代所有或管理	後代所有或管理	T值	Sig(雙尾)
社會責任收益意識	3.99	3.76	1.554	0.128
社會責任成本意識	3.47	3.25	1.347	0.179

註：* p < 0.1；** p < 0.05；*** p < 0.01

以上分析在一定程度上表明，家族企業的家族所有權越大，家族企業社會責任成本意識越強；家族企業的家族管理控制權越大，家族企業的社會責任成本意識越弱。家族控制對家族企業社會責任成本意識的影響存在正負兩個方面的效應。

（7）按企業家特質比較

家族企業社會責任意識主要反應的是家族企業家（所有者/管理者）的社會責任意識情況，因此企業家個體特質影響家族企業社會責任意識。對企業家個體特質主要從三個方面測量，即企業家年齡、企業家文化程度、企業家行業工作經驗。對企業家特質與樣本家族企業社會責任意識進行單因素方差

分析。

第一，企業家年齡結構分為四類：第一類，企業家年齡在35歲以下；第二類，企業家年齡在36~45歲之間；第三類，企業家年齡在46~55歲之間；第四類，企業家年齡在56歲以上。對企業家年齡結構與樣本家族企業社會責任意識進行單因素方差分析。

方差齊性檢驗顯示，家族企業社會責任收益意識、社會責任成本意識（變量）均滿足方差齊性假設。從檢驗結果來看，不同企業家年齡結構的家族企業社會責任意識不存在明顯的差異（顯著性分別為0.354、0.358）。

表3.13　不同企業家年齡結構的家族企業社會責任意識比較

	35歲以下	36~45歲	46~55歲	56歲以上	齊性檢驗(Sig)	ANVOA (F)	ANVOA (Sig)
社會責任收益意識	3.82	4.03	3.90	4.04	0.985	1.089	0.354
社會責任成本意識	3.23	3.49	3.39	3.60	0.321	1.079	0.358

註：$^*p<0.1$；$^{**}p<0.05$；$^{***}p<0.01$

第二，企業家文化程度分為五類：第一類，初中及以下；第二類，高中（中專）；第三類，大學專科；第四類，大學本科；第五類，研究生。對企業家文化程度與樣本家族企業社會責任意識進行單因素方差分析。

方差齊性檢驗顯示，家族企業社會責任收益意識、社會責任成本意識（變量）均滿足方差齊性假設。從檢驗結果來看，不同企業家文化程度的家族企業社會責任成本意識可能存在一定的差異（顯著性為0.074），其中，企業家大學程度為大學專科文化水準的家族企業社會責任成本意識最強（其均值為3.60），而企業家文化程度為初中及以下水準的家族企業社會責任成本意識最弱（其均值為3.19）；但不同企業家文化程度的家族企業在社會責任收益意識方面不存在明顯的差異（顯

著性為 0.402)。

表 3.14　不同企業家文化程度的家族企業社會責任意識比較

	初中及以下	高中、中專	大學專科	大學本科	研究生	齊性檢驗 (Sig)	ANVOA (F)	ANVOA (Sig)
社會責任收益意識	3.84	3.91	4.05	4.01	3.78	0.707	1.014	0.402
社會責任成本意識*	3.19	3.36	3.60	3.54	3.54	0.549	2.156	0.074

註：* $p<0.1$；** $p<0.05$；*** $p<0.01$

第三，企業家行業工作經驗分為四類：第一類，行業工作經驗在 1~3 年；第二類，行業工作經驗在 4~8 年；第三類，行業工作經驗在 9~14 年；第四類，行業工作經驗在 15 年以上。對企業家行業工作經驗與樣本家族企業社會責任意識進行單因素方差分析。

方差齊性檢驗顯示，家族企業社會責任收益意識、社會責任成本意識（變量）均滿足方差齊性假設。從檢驗結果來看，不同企業家行業工作經驗的家族企業社會責任收益意識明顯不同（顯著性為 0.002），其中，企業家行業工作經驗在 1~3 的家族企業社會責任收益意識最強（其均值為 4.75），企業家行業工作經驗在 4~14 年的家族企業社會責任收益意識最弱（其均值為 3.88）；但不同企業家行業工作經驗的家族企業在社會責任成本意識方面不存在明顯的差異（顯著性為 0.908）。可能的解釋是，企業家行業工作經驗在 1~3 年時意味著企業家剛剛進入該類行業，因此企業在行業內缺乏良好的企業形象和聲譽，履行社會責任可能是提升企業形象和聲譽的重要途徑之一。

表 3.15　不同企業家行業工作經驗的家族企業社會責任意識比較

	1~3年	4~8年	9~14年	15年以上	齊性檢驗（Sig）	ANVOA（F）	ANVOA（Sig）
社會責任收益意識***	4.75	3.88	3.88	4.05	0.279	5.218	0.002
社會責任成本意識	3.47	3.42	3.42	3.50	0.703	0.183	0.908

註：*p<0.1；**p<0.05；***p<0.01

3.3　中國家族企業社會責任行為的基本特徵及比較

3.3.1　中國家族企業社會責任行為的基本特徵

由表 3.16 可知，在家族企業社會責任行為三個維度中，家族企業對外部人的責任表現最好（其均值為 3.8746），公共責任表現次之（其均值為 3.7710），對內部人責任表現最差（其均值為 3.7179）。配對樣本的 T 檢驗結果顯示（見表 3.17），家族企業的外部人責任與內部人責任、外部人責任與公共責任表現之間的差異性在 1% 的顯著性水準下是統計顯著的，這與中國市場化改革的不斷深入以及市場秩序的進一步完善可能存在緊密關係。同時，該結論也在一定程度上表明了華人家族企業的「弱組織、強關係」特徵（Redding, 1991），即華人家族企業傾向於與其他企業和機構建立外部網絡關係，利用企業之間、企業和其他機構之間長期穩定的網絡關係來協調成員企業之間彼此的資源和活動，以彌補組織自身的柔軟與不足（Redding, 1991；Park & Luo, 2001）。

表 3.16　家族企業社會責任行為的描述性統計分析

	樣本量	極小值	極大值	均值	標準差
內部人責任	324	2.00	5.00	3.7179	0.57920
外部人責任	335	1.44	5.00	3.8746	0.64581
公共責任	328	1.00	5.00	3.7710	0.71796

表 3.17　家族企業社會責任行為的配對樣本的 T 檢驗

	均值差	標準差	均值的標準誤	T	自由度	Sig（雙尾）
內部人責任－外部人責任***	-0.13973	0.52497	0.02944	-4.746	317	0.000
內部人責任－公共責任	-0.04927	0.55680	0.03173	-1.553	307	0.121
外部人責任－公共責任***	0.09060	0.58802	0.03292	2.752	318	0.006

　　進一步分析發現，在家族企業對外部人責任行為表現的五個子維度中（見表 3.18），家族企業對供應商和分銷商的責任表現最差（其均值分別為 3.8064、3.8195），對債權人和消費者的責任表現相對較好（其均值分別為 3.9043、3.9060），而對同行競爭者的責任表現最好（其均值為 3.9538）。配對樣本的 T 檢驗顯示（見表 3.19），家族企業的供應商責任與債權人責任、供應商責任與同行競爭者責任、供應商責任與消費者責任、分銷商責任與同行競爭者責任、分銷商責任與消費者責任表現之間的差異性是統計顯著的（顯著性分別為 0.017、0.002、0.007、0.005、0.028）。可能的解釋是：第一，財務資本的缺乏是現階段中國家族企業成長的最根本的約束（儲小平，2004），家族企業對債權人不負責任，就相當於切斷了資金血脈，這對家族企業的發展必然帶來致命的衝擊；第二，中國家族企業以中小企業為主體，所處行業市場競爭激烈，因此為消費者提供滿意的產品和服務應是家族企業生存和發展的基本前提；第三，本研究顯示現階段中國家族企業對同行競爭者的責

任表現最好，該結論與預期存在較大的差距，這與本研究對同行競爭者社會責任行為表現測量指標體系的選擇可能存在很大關係。本研究僅僅選擇了「企業在同行競爭中遵守公平競爭原則」一個指標來測量對同行競爭者的社會責任行為，而隨著中國市場化改革的進一步深入，遵守公平競爭原則應該是所有企業包括家族企業生存和發展的基本前提，也是企業應遵循的基本原則，從而導致家族企業對同行競爭者的責任表現得分最高。

表 3.18　家族企業外部人責任各子維度的描述性統計分析

	樣本量	極小值	極大值	均值	標準差
對債權人責任	345	1.50	5.00	3.9043	0.80486
對供應商責任	346	1.00	5.00	3.8064	0.79769
對分銷商責任	349	1.00	5.00	3.8195	0.88348
對同行競爭者責任	346	1.00	5.00	3.9538	0.89969
對消費者責任	344	1.00	5.00	3.9060	0.70897

表 3.19　家族企業外部人責任的配對樣本的 T 檢驗

	均值差	標準差	均值的標準誤	T	自由度	Sig（雙尾）
債權人責任－供應商責任**	0.09038	0.69501	0.03753	2.408	342	0.017
債權人責任－分銷商責任	0.07558	0.85037	0.04585	1.648	343	0.100
債權人責任－同行競爭者責任	-0.05425	0.85362	0.04623	-1.174	340	0.241
債權人責任－消費者責任	-0.00588	0.70546	0.03826	-0.154	339	0.878
供應商責任－分銷商責任	-0.01884	0.75892	0.04086	-0.461	344	0.645
供應商責任－同行競爭者責任***	-0.14431	0.87209	0.04709	-3.065	342	0.002
供應商責任－消費者責任***	-0.10068	0.68286	0.03698	-2.723	340	0.007
分銷商責任－同行競爭者責任***	-0.13623	0.89345	0.04810	-2.832	344	0.005
分銷商責任－消費者責任**	-0.09064	0.75851	0.04102	-2.210	341	0.028
同行競爭者責任－消費者責任	0.04804	0.74820	0.04058	1.184	339	0.237

由表 3.20 和表 3.21 可知，在家族企業公共責任行為表現的三個子維度中，家族企業的法律和倫理責任表現最好（其

均值為3.9956），對環境責任表現次之（其均值為3.8314），對社區責任表現最差（其均值為3.6757）。配對樣本的T檢驗顯示，家族企業的環境責任與社區責任、環境責任與法律和倫理責任、社區責任與法律和倫理責任表現之間的差異性在1%的顯著性水準下是統計顯著的。由此可以推斷，家族企業公共責任行為表現較差主要是由於家族企業對社區責任表現較差所造成的。該結論與現有研究成果的結論相一致。如《2007企業社會責任報告》指出，企業經營者對社區權益責任性的評價排在末位；另外，家族企業對社區的責任多是自願的，在目前中國企業家總體的社會責任意識不高的前提下，家族企業自願承擔的社區責任必然較低。

表3.20　家族企業公共責任各子維度的描述性統計分析

	樣本量	極小值	極大值	均值	標準差
環境責任	344	1.00	5.00	3.8314	0.98119
社區責任	341	1.00	5.00	3.6757	0.77719
法律和倫理責任	344	1.00	5.00	3.9956	0.90632

表3.21　家族企業公共責任的配對樣本的T檢驗

	均值差	標準差	均值的標準誤	T	自由度	Sig（雙尾）
環境責任－社區責任***	0.13970	0.88599	0.04841	2.886	334	0.004
環境責任－法律和倫理責任***	-0.15134	0.95397	0.05197	-2.912	336	0.004
社區責任－法律和倫理責任***	-0.29790	0.78677	0.04305	-6.920	333	0.000

需要指出的是，在家族企業社會責任行為表現的三維度中，家族企業對內部人責任表現最差。由表3.22和表3.23可知，在家族企業內部人責任三個子維度中，家族企業對員工責任表現最好（其均值為3.7578），對投資者責任表現次之（其均值為3.7111），但配對樣本的T檢驗顯示二者之間不存在顯著的差異（顯著性為0.179）；家族企業對高管人員責任表現

最差（其均值為 3.6519），並且高管人員責任與投資者責任、高管人員責任與員工責任表現之間的差異性是統計顯著的（顯著性分別為 0.071、0.001）。可能的解釋是：第一，本問卷的填寫者中有相當一部分是企業高管人員，他們理所當然地會把自己對企業的不滿和利益受到侵犯體現在調查問卷上；第二，現實情況是，中國家族企業中有相當一部分是處於創業和成長階段的中小家族企業，這些中小家族企業高管人員中絕大多數為家族企業主及其家族成員，為了家族企業的生存和發展，他們往往只在企業領取較少的薪酬。

表 3.22　家族企業內部人責任各子維度的描述性統計分析

	樣本量	極小值	極大值	均值	標準差
投資者責任	341	2.00	5.00	3.7111	0.71804
高管人員責任	349	1.50	5.00	3.6519	0.73686
員工責任	333	1.83	5.00	3.7578	0.62672

表 3.23　家族企業內部人責任的配對樣本的 T 檢驗

	均值差	標準差	均值的標準誤	T	自由度	Sig（雙尾）
投資者責任－高管人員責任*	0.06765	0.68903	0.03737	1.810	339	0.071
投資者責任－員工責任	-0.04733	0.63237	0.03513	-1.347	323	0.179
高管人員責任－員工責任***	-0.11596	0.60823	0.03338	-3.474	331	0.001

3.3.2　中國家族企業社會責任行為的基本特徵比較

（1）地理區域的比較

地理區域分為兩類：浙江和重慶。對地理區域與樣本家族企業社會責任行為的獨立樣本的 T 檢驗顯示，重慶家族企業的內部人責任、外部人責任行為表現明顯好於浙江家族企業（顯著性分別為 0.019、0.000），兩地家族企業在公共責任行為表現上不存在明顯的差異（顯著性為 0.141）。

進一步分析發現，重慶家族企業對員工責任、債權人責任、夥伴責任、消費者責任、環境責任、法律和倫理責任明顯好於浙江家族企業（顯著性分別為 0.002、0.002、0.000、0.000、0.048、0.000），兩地家族企業在投資者責任、社區責任行為表現上不存在明顯的差異（顯著性分別為 0.663、0.672）。

以上分析表明：第一，重慶家族企業與浙江家族企業內部人責任行為表現的差異性主要由員工責任行為表現的差異性所引起；外部人責任行為表現的差異性主要由債權人責任、夥伴責任和消費者責任行為表現的差異性所引起；儘管兩地家族企業在公共責任行為表現方面不存在明顯的差異，但重慶家族企業在環境責任、法律和倫理責任行為表現上好於浙江家族企業。第二，經濟越落後地區的家族企業對內部人責任、外部人責任行為表現越好。該結論與 Zu 和 Song（2009）對中國企業社會責任問題的研究結論相一致，即越貧困落後地區企業社會責任行為表現越好，但與 Jones（1999）的結論相矛盾，其中的原因是什麼？這有待於進一步的深入研究。

表 3.24　不同地理區域的家族企業社會責任行為比較

	浙江	重慶	T 值	Sig(雙尾)
內部人責任**	3.65	3.80	-2.352	0.019
外部人責任***	3.70	4.08	-5.471	0.000
公共責任	3.72	3.84	-1.475	0.141

註：$^*p<0.1$；$^{**}p<0.05$；$^{***}p<0.01$

表 3.25　不同地理區域的家族企業社會責任行為比較

	浙江	重慶	T 值	Sig(雙尾)
投資者責任	3.73	3.69	0.436	0.663
員工責任***	3.63	3.84	-3.193	0.002

表3.25(續)

	浙江	重慶	T值	Sig(雙尾)
債權人責任***	3.77	4.04	-3.158	0.002
夥伴責任***	3.67	4.04	-4.949	0.000
消費者責任***	3.68	4.15	-6.358	0.000
環境責任**	3.73	3.94	-1.987	0.048
社區責任	3.69	3.66	0.424	0.672
法律和倫理責任***	3.77	4.24	-4.922	0.000

註：*p<0.1；**p<0.05；***p<0.01

（2）形成方式（轉制情況）的比較

形成方式（轉制情況）分為兩類：轉制家族企業和非轉制家族企業。對形成方式（轉制情況）與樣本家族企業社會責任行為的獨立樣本的T檢驗顯示，轉制家族企業與非轉制家族企業在社會責任行為表現上不存在明顯的差異（顯著性分別為0.441、0.452、0.536），具體體現在，對投資者責任、員工責任、債權人責任、夥伴責任、消費者責任、環境責任、社區責任、法律和倫理責任表現上也不存在明顯的差異（顯著性分別為0.211、0.484、0.765、0.680、0.182、0.601、0.394、0.976）。

表3.26 不同形成方式的家族企業社會責任行為比較

	轉制企業	非轉制企業	T值	Sig(雙尾)
內部人責任	3.78	3.70	0.772	0.441
外部人責任	3.94	3.85	0.753	0.452
公共責任	3.83	3.750	0.619	0.536

註：*p<0.1；**p<0.05；***p<0.01

表 3.27　不同形成方式的家族企業社會責任行為比較

	浙江	重慶	T 值	Sig(雙尾)
投資者責任	3.85	3.69	1.254	0.211
員工責任	3.78	3.71	0.700	0.484
債權人責任	3.93	3.89	0.299	0.765
夥伴責任	3.89	3.83	0.413	0.680
消費者責任	4.04	3.87	1.339	0.182
環境責任	3.91	3.82	0.523	0.601
社區責任	3.77	3.65	0.853	0.394
法律和倫理責任	3.97	3.98	−0.030	0.976

註：$^{*}p<0.1$；$^{**}p<0.05$；$^{***}p<0.01$

（3）企業經濟類型的比較

企業經濟類型分為兩類：成品製造商和非成品製造商家族企業。對企業經濟類型與樣本家族企業社會責任行為的獨立樣本的 T 檢驗顯示，成品製造商家族企業與非成品製造商家族企業在社會責任行為表現上不存在明顯的差異（顯著性分別為 0.652、0.807、0.307），具體體現在，對投資者責任、員工責任、債權人責任、夥伴責任、消費者責任、環境責任、社區責任、法律和倫理責任表現上也不存在明顯的差異（顯著性分別為 0.483、0.745、0.457、0.629、0.423、0.288、0.359、0.491）。

表 3.28　不同企業經濟類型的家族企業社會責任行為比較

	成品製造商	非成品製造商	T 值	Sig(雙尾)
內部人責任	3.73	3.70	0.451	0.652
外部人責任	3.88	3.87	0.245	0.807
公共責任	3.73	3.81	−1.023	0.307

註：$^{*}p<0.1$；$^{**}p<0.05$；$^{***}p<0.01$

表 3.29　不同企業經濟類型的家族企業社會責任行為比較

	成品製造商	非成品製造商	T 值	Sig(雙尾)
投資者責任	3.74	3.68	0.703	0.483
員工責任	3.74	3.72	0.326	0.745
債權人責任	3.94	3.87	0.745	0.457
夥伴責任	3.83	3.87	-0.483	0.629
消費者責任	3.94	3.88	0.802	0.423
環境責任	3.77	3.89	-1.064	0.288
社區責任	3.63	3.71	-0.918	0.359
法律和倫理責任	3.96	4.03	-0.689	0.491

註：$^{*}p<0.1$；$^{**}p<0.05$；$^{***}p<0.01$

（4）企業規模的比較

企業規模用 2009 年企業資產總額來反應，並分為五類：第一類，企業資產總額在 500 萬元以下；第二類，企業資產總額在 501 萬～1000 萬元之間；第三類，企業資產總額在 1001 萬～3000 萬元之間；第四類，企業資產總額在 3001 萬～5000 萬元之間；第五類，企業資產總額在 5001 萬元以上。對企業規模與樣本家族企業社會責任行為進行單因素方差分析（One－way ANOVA）。

方差齊性檢驗顯示，家族企業的公共責任（變量）不滿足方差齊性假設（顯著性為 0.050）。對此採用 Tamhane 多重檢驗方法，檢驗企業規模差異對家族企業公共責任行為影響的差異特徵。檢驗結果顯示，不同企業規模的家族企業在內部人責任、外部人責任和公共責任行為表現上不存在明顯的差異（顯著性分別為 0.719、0.287、0.713）。

進一步分析發現，家族企業的債權人責任、環境責任、社區責任、法律和倫理責任（變量）不滿足方差齊性假設（顯著

性分別為0.068、0.007、0.024、0.096）。對此採用Tamhane多重檢驗方法，檢驗企業規模差異對家族企業債權人責任、環境責任、社區責任、法律和倫理責任影響的差異特徵。檢驗結果顯示，不同企業規模的家族企業對投資者責任、員工責任、債權人責任、夥伴責任、消費者責任、環境責任、社區責任、法律和倫理責任行為表現上不存在明顯的差異（顯著性分別為0.408、0.740、0.191、0.432、0.366、0.390、0.602、0.385）。

表3.30　不同企業規模的家族企業社會責任行為比較

變量	500萬元以下	501萬~1000萬元	1001萬~3000萬元	3001萬~5000萬元	5001萬元以上	齊性檢驗(Sig)	ANVOA(F)	ANVOA(Sig)
內部人責任	3.70	3.71	3.67	3.81	3.78	0.224	0.496	0.719
外部人責任	3.84	3.93	3.77	3.99	3.96	0.519	1.257	0.287
公共責任	3.73	3.80	3.72	3.85	3.86	0.050	0.523	0.713

註：$^*p<0.1$；$^{**}p<0.05$；$^{***}p<0.01$

表3.31　不同企業規模的家族企業社會責任行為比較

變量	500萬元以下	501萬~1000萬元	1001萬~3000萬元	3001萬~5000萬元	5001萬元以上	齊性檢驗(Sig)	ANVOA(F)	ANVOA(Sig)
投資者責任	3.62	3.71	3.73	3.71	3.85	0.183	0.999	0.408
員工責任	3.74	3.71	3.67	3.84	3.75	0.434	0.494	0.740
債權人責任	3.78	4.03	3.85	4.05	4.01	0.068	1.538	0.191
夥伴責任	3.84	3.86	3.74	3.98	3.93	0.641	0.955	0.432
消費者責任	3.94	3.96	3.77	3.99	3.95	0.628	1.081	0.366
環境責任	3.81	3.96	3.68	3.90	3.95	0.007	1.032	0.390
社區責任	3.60	3.72	3.66	3.85	3.72	0.024	0.686	0.602
法律和倫理責任	4.05	3.91	3.87	4.00	4.14	0.096	1.043	0.385

註：$^*p<0.1$；$^{**}p<0.05$；$^{***}p<0.01$

(5) 企業壽命的比較

企業壽命用企業成立時間到 2009 年的時間長度來反應，並分為四類：第一類，企業壽命在 1～5 年；第二類，企業壽命在 6～10 年；第三類，企業壽命在 11～19 年；第四類，企業壽命在 20 年以上。對企業壽命與樣本家族企業社會責任行為進行單因素方差分析。方差齊性檢驗顯示，家族企業的內部人責任、外部人責任和公共責任（變量）均滿足方差齊性假設。從檢驗結果來看，不同企業壽命的家族企業社會責任行為表現不存在明顯的差異（顯著性分別為 0.551、0.593、0.795）。

進一步分析發現，家族企業的投資者責任、員工責任、債權人責任、夥伴責任、消費者責任、環境責任、社區責任、法律和倫理責任（變量）均滿足方差齊性假設。單因素方差分析顯示，不同企業壽命的家族企業在投資者責任、員工責任、債權人責任、夥伴責任、消費者責任、環境責任、社區責任、法律和倫理責任表現上不存在明顯的差異（顯著性分別為 0.354、0.478、0.345、0.640、0.816、0.845、0.782、0.662）。

表 3.32　不同企業壽命的家族企業社會責任行為比較

變量	1～5 年	6～10 年	11～19 年	20 年以上	齊性檢驗 (Sig)	ANVOA (F)	ANVOA (Sig)
內部人責任	3.77	3.74	3.68	3.58	0.465	0.703	0.551
外部人責任	3.85	3.87	3.95	3.77	0.308	0.634	0.593
公共責任	3.74	3.81	3.77	3.64	0.365	0.342	0.795

註：$^*p<0.1$；$^{**}p<0.05$；$^{***}p<0.01$

表 3.33　不同企業壽命的家族企業社會責任行為比較

變量	1～5年	6～10年	11～19年	20年以上	齊性檢驗（Sig）	ANVOA（F）	ANVOA（Sig）
投資者責任	3.76	3.76	3.61	3.81	0.898	1.088	0.354
員工責任	3.78	3.75	3.69	3.56	0.440	0.830	0.478
債權人責任	3.90	3.89	4.00	3.65	0.845	1.110	0.345
夥伴責任	3.79	3.87	3.91	3.75	0.460	0.562	0.640
消費者責任	3.90	3.87	3.96	3.94	0.143	0.313	0.816
環境責任	3.87	3.88	3.81	3.69	0.276	0.272	0.845
社區責任	3.64	3.74	3.66	3.65	0.563	0.360	0.782
法律和倫理責任	3.90	4.02	4.04	3.88	0.758	0.530	0.662

註：$^*p<0.1$；$^{**}p<0.05$；$^{***}p<0.01$

(6) 企業家族控制程度的比較

企業家族控制程度主要採用以下三類指標進行測量：第一類，家族所有權，用企業主及家族成員持有的股份占企業總股份的比例來測量；第二類，家族管理權，用企業總經理是否由老板本人或家人擔任情況來測量；第三類，家族代際傳承情況，用家族企業是否由第一代所有或管理來測量。對家族控制程度與樣本家族企業社會責任行為進行單因素方差分析、獨立樣本的 T 檢驗。

第一，按家族所有權比較。

方差齊性檢驗顯示，家族企業的內部人責任、外部人責任、公共責任（變量）均滿足方差齊性假設。從檢驗結果來看，不同家族所有權的家族企業內部人責任、外部人責任行為表現不同（顯著性分別為 0.076、0.041），但不同家族所有權的家族企業在公共責任行為表現上不存在明顯的差異（顯著性為 0.409）。總體上看，隨著家族所有權的增大，家族企業對內部人責任、外部人責任行為表現越好。

進一步分析發現，家族企業的員工責任和社區責任（變量）不滿足方差齊性假設（顯著性分別為0.043、0.015）。對此採用Tamhane多重檢驗方法，檢驗家族所有權差異對家族企業員工責任、社區責任影響的差異特徵。檢驗結果顯示，不同家族所有權的家族企業對員工責任、夥伴責任、消費者責任、環境責任、法律和倫理責任行為表現不同（顯著性分別為0.030、0.057、0.011、0.099、0.001），但不同家族所有權的家族企業在投資者責任、債權人責任、社區責任行為表現上不存在明顯的差異（顯著性分別為0.632、0.231、0.784）。總體上看，隨著家族所有權的增大，家族企業對員工責任、夥伴責任、消費者責任、環境責任、法律和倫理責任行為表現越好。

以上分析表明：第一，不同家族所有權的家族企業內部人責任行為表現的差異性主要由員工責任行為表現的差異性所引起；對外部人責任行為表現的差異性主要由夥伴責任、消費者責任行為表現的差異性所引起；儘管不同家族所有權的家族企業在公共責任行為表現方面不存在明顯的差異，但在環境責任、法律和倫理責任行為表現方面存在一定的差異性。第二，家族掌握企業的所有權有利於更好地履行對員工、夥伴、消費者、環境的責任及法律和倫理責任。

表3.34 不同家族所有權的家族企業社會責任行為比較

	家族成員持股比例 51%~80%	家族成員持股比例 81%~99%	家族成員持股比例 100%	齊性檢驗（Sig）	ANVOA（F）	ANVOA（Sig）
內部人責任*	3.60	3.63	3.77	0.110	2.597	0.076
外部人責任**	3.70	3.89	3.93	0.325	3.213	0.041
公共責任	3.70	3.68	3.81	0.299	0.895	0.409

註：*$p<0.1$；**$p<0.05$；***$p<0.01$

表 3.35　不同家族所有權的家族企業社會責任行為比較

	家族成員持股比例 51%~80%	家族成員持股比例 81%~99%	家族成員持股比例 100%	齊性檢驗（Sig）	ANVOA（F）	ANVOA（Sig）
投資者責任	3.64	3.76	3.73	0.658	0.460	0.632
員工責任**	3.60	3.61	3.79	0.043	3.545	0.030
債權人責任	3.76	3.98	3.94	0.523	1.471	0.231
夥伴責任*	3.67	3.89	3.89	0.668	2.885	0.057
消費者責任**	3.69	3.86	3.98	0.117	4.552	0.011
環境責任*	3.66	3.68	3.91	0.722	2.330	0.099
社區責任	3.73	3.63	3.67	0.015	0.243	0.784
法律和倫理責任***	3.66	3.90	4.11	0.161	7.269	0.001

註：*p<0.1；**p<0.05；***p<0.01

表 3.36　不同家族所有權的家族企業社會責任行為的 Tamhane 多重比較

變　量	家族成員持股比例（類別） I	J	均值差（I−J）	顯著性（Sig）
員工責任	100%	51%~80%	−0.01028	1.000
		81%~99%	−0.19089*	0.075

註：*p<0.1；**p<0.05；***p<0.01

第二，按家族管理權比較。

對家族管理權與樣本家族企業社會責任行為的獨立樣本 T 檢驗顯示，企業總經理由老板本人或家人擔任的家族企業對外部人責任行為表現明顯好於其他類型的家族企業（顯著性為 0.036）。

進一步分析發現，企業總經理由老板本人或家人擔任的家族企業對債權人責任、夥伴責任好於其他類型的家族企業（顯著性分別為 0.054、0.071）。

以上分析表明：第一，不同家族管理權的家族企業對外部

人責任行為表現的差異性主要由對債權人責任、夥伴責任行為表現的差異性所引起。第二，家族掌握企業的管理權有利於更好地履行對債權人和夥伴的責任，有助於彌補家族企業成長過程中必然出現的資源或能力（如財務資源）不足的缺陷。

表3.37 不同家族管理權的家族企業社會責任行為比較

	總經理是老板本人或家人	總經理不是老板本人或家人	T值	Sig（雙尾）
內部人責任	3.69	3.80	-1.379	0.169
外部人責任**	3.91	3.72	2.105	0.036
公共責任	3.78	3.73	0.524	0.601

註：* $p<0.1$；** $p<0.05$；*** $p<0.01$

表3.38 不同家族管理權的家族企業社會責任行為比較

	總經理是老板本人或家人	總經理不是老板本人或家人	T值	Sig（雙尾）
投資者責任	3.68	3.83	-1.623	0.106
員工責任	3.70	3.82	-1.506	0.133
債權人責任*	3.94	3.74	1.937	0.054
夥伴責任*	3.88	3.71	1.811	0.071
消費者責任	3.93	3.81	1.198	0.232
環境責任	3.86	3.71	1.120	0.264
社區責任	3.66	3.72	-0.602	0.548
法律和倫理責任	4.03	3.80	1.635	0.105

註：* $p<0.1$；** $p<0.05$；*** $p<0.01$

第三，按家族代繼傳承情況比較。

對家族代際傳承情況與樣本家族企業社會責任行為的獨立樣本的T檢驗顯示，由第一代所有或管理的家族企業對外部人責任行為表現明顯好於由後代所有或管理的家族企業（顯著

3 中國家族企業社會責任的基本特徵及比較

性為0.009)。

進一步分析發現,由第一代所有或管理的家族企業對債權人責任、夥伴責任、消費者責任行為表現好於由後代所有或管理的家族企業(顯著性分別為0.035、0.009、0.070)。

以上分析表明:第一,不同家族代際傳承情況的家族企業外部人責任行為表現的差異性主要由對債權人責任、夥伴責任、消費者責任行為表現的差異性所引起;第二,由第一代所有或管理的家族企業會更好地履行對債權人、夥伴和消費者的責任。可能的解釋是,由第一代所有或管理的家族企業大多是處於創業和成長階段的中小家族企業,內部資源極度匱乏,同時也缺少搜尋特定資源的能力,更可能選擇關係或網絡導向的企業戰略(Park & Luo,2001),因此外部關係網絡尤其是創業者個人關係網絡成為家族企業內部稀缺資源獲取的主要方式(Park & Luo,2001;Hite,2005),從而對債權人、夥伴等外部利益相關者的責任表現較好。

表3.39 不同家族代際傳承情況的家族企業社會責任行為比較

	一代所有或管理	後代所有或管理	T值	Sig(雙尾)
內部人責任	3.73	3.58	1.423	0.156
外部人責任***	3.90	3.59	2.640	0.009
公共責任	3.78	3.66	0.932	0.352

註:* $p<0.1$; ** $p<0.05$; *** $p<0.01$

表3.40 不同家族代際傳承情況的家族企業社會責任行為比較

	一代所有或管理	後代所有或管理	T值	Sig(雙尾)
投資者責任	3.72	3.59	1.013	0.312
員工責任	3.74	3.60	1.328	0.185
債權人責任**	3.93	3.63	2.120	0.035

表3.40(續)

	一代所有或管理	後代所有或管理	T值	Sig(雙尾)
夥伴責任***	3.88	3.54	2.633	0.009
消費者責任*	3.93	3.70	1.817	0.070
環境責任	3.84	3.74	0.593	0.553
社區責任	3.68	3.62	0.417	0.677
法律和倫理責任	4.02	3.81	1.260	0.209

註：* $p<0.1$；** $p<0.05$；*** $p<0.01$

(7) 企業家特質的比較

企業家特質主要從三個方面進行測量，即企業家年齡、企業家文化程度、企業家行業工作經驗。對企業家特質與樣本家族企業社會責任行為進行單因素方差分析。

第一，企業家年齡結構分為四類：第一類，企業家年齡在35歲以下；第二類，企業家年齡在36~45歲之間；第三類，企業家年齡在46~55歲之間；第四類，企業家年齡在56歲以上。對企業家年齡結構與樣本家族企業社會責任行為進行單因素方差分析。

方差齊性檢驗顯示，家族企業的內部人責任、外部人責任、公共責任（變量）均滿足方差齊性假設。從檢驗結果來看，不同企業家年齡結構的家族企業內部人責任行為表現明顯不同（顯著性為0.016），其中，企業家年齡在36~45歲之間的家族企業內部人責任行為表現最好（其均值為3.83），企業家年齡在35歲以下的家族企業的內部人責任行為表現最差（其均值為3.50）；不同企業家年齡結構的家族企業外部人責任行為表現不同（顯著性為0.056），其中，企業家年齡在36~45歲之間的家族企業外部人責任行為表現最好（其均值為3.97），企業家年齡在35歲以下的家族企業外部人責任行

為表現最差（其均值為3.72）；不同企業家年齡結構的家族企業在公共責任行為表現上不存在明顯的差異（顯著性為0.294）。

進一步分析發現，不同企業家年齡結構的家族企業對投資者責任、員工責任和夥伴責任行為表現明顯不同（顯著性分別為0.025、0.029、0.040），其中，企業家年齡在36~45歲之間的家族企業對投資者責任、員工責任行為表現最好（其均值分別為3.83、3.84），企業家年齡在35歲以下的家族企業對投資者責任、員工責任行為表現最差（其均值分別為3.43、3.59）；企業家年齡在36~45歲之間的家族企業對夥伴責任行為表現最好（其均值為3.96），企業家年齡在46~55歲之間的家族企業的對夥伴責任行為表現最差（其均值為3.73）。

以上分析表明：不同企業家年齡結構的家族企業內部人責任行為表現的差異性主要由投資者責任、員工責任行為表現的差異性所引起；對外部人責任行為表現的差異性主要由對夥伴責任行為表現的差異性所引起。

表3.41　不同企業家年齡結構的家族企業社會責任行為比較

	35歲以下	36~45歲	46~55歲	56歲以上	齊性檢驗（Sig）	ANVOA（F）	ANVOA（Sig）
內部人責任**	3.50	3.83	3.64	3.70	0.573	3.480	0.016
外部人責任*	3.72	3.97	3.78	3.96	0.671	2.549	0.056
公共責任	3.54	3.84	3.74	3.72	0.745	1.243	0.294

註：* $p<0.1$；** $p<0.05$；*** $p<0.01$

表 3.42　不同企業家年齡結構的家族企業社會責任行為比較

	35 歲以下	36~45 歲	46~55 歲	56 歲以上	齊性檢驗（Sig）	ANVOA（F）	ANVOA（Sig）
投資者責任**	3.43	3.83	3.65	3.59	0.634	3.158	0.025
員工責任**	3.59	3.84	3.64	3.73	0.356	3.049	0.029
債權人責任	3.74	3.98	3.83	3.96	0.848	1.175	0.319
夥伴責任**	3.75	3.96	3.73	3.91	0.773	2.801	0.040
消費者責任	3.77	3.98	3.82	4.03	0.308	1.721	0.163
環境責任	3.77	3.93	3.79	3.65	0.110	0.979	0.403
社區責任	3.33	3.73	3.68	3.60	0.583	1.839	0.140
法律和倫理責任	3.95	4.06	3.92	4.03	0.788	0.544	0.653

註：* $p<0.1$；** $p<0.05$；*** $p<0.01$

第二，企業家文化程度分為五類：第一類，初中及以下；第二類，高中（中專）；第三類，大學專科；第四類，大學本科；第五類，研究生。對企業家文化程度與樣本家族企業社會責任行為進行單因素方差分析。

方差齊性檢驗顯示，家族企業的內部人責任、外部人責任和公共責任（變量）均滿足方差齊性假設。從檢驗結果來看，不同企業家文化程度的家族企業內部人責任、外部人責任和公共責任行為表現不存在明顯的差異（顯著性分別為 0.162、0.428、0.653）。

進一步分析發現，家族企業的投資者責任、法律和倫理責任（變量）不滿足方差齊性假設（顯著性分別為 0.045、0.030）。對此採用 Tamhane 多重檢驗方法，檢驗企業家文化程度差異對投資者責任、法律和倫理責任影響的差異特徵。檢驗結果顯示，不同企業家文化程度的家族企業投資者責任行為表現不同（顯著性為 0.065），其中，企業家文化程度為大學本科的家族企業對投資者的責任表現較好（其均值為 3.84）；企

業家文化程度為初中及以下文化水準的家族企業對投資者的責任表現較差（其均值為 3.48）。

以上分析表明，儘管不同企業家文化程度的家族企業在內部人責任、外部人責任和公共責任行為表現方面不存在明顯的差異，但企業家文化程度越高的家族企業，對投資者責任表現可能越好。

表 3.43　不同企業家文化程度的家族企業社會責任行為比較

	初中及以下	高中、中專	大學專科	大學本科	研究生	齊性檢驗（Sig）	ANVOA（F）	ANVOA（Sig）
內部人責任	3.56	3.67	3.80	3.79	3.69	0.515	1.647	0.162
外部人責任	3.73	3.84	3.91	3.95	3.93	0.684	0.963	0.428
公共責任	3.74	3.70	3.79	3.86	3.84	0.303	0.613	0.653

註：* $p<0.1$；** $p<0.05$；*** $p<0.01$

表 3.44　不同企業家文化程度的家族企業社會責任行為比較

	初中及以下	高中、中專	大學專科	大學本科	研究生	齊性檢驗（Sig）	ANVOA（F）	ANVOA（Sig）
投資者責任*	3.48	3.66	3.78	3.84	3.59	0.045	2.238	0.065
員工責任	3.58	3.69	3.82	3.77	3.74	0.791	1.327	0.280
債權人責任	3.80	3.88	3.86	4.01	4.03	0.310	0.716	0.582
夥伴責任	3.74	3.83	3.87	3.92	3.81	0.319	0.466	0.761
消費者責任	3.65	3.88	4.00	3.96	3.98	0.420	1.913	0.108
環境責任	3.68	3.79	3.86	3.94	4.06	0.637	0.768	0.547
社區責任	3.66	3.60	3.70	3.76	3.74	0.270	0.578	0.679
法律和倫理責任	4.01	3.99	3.97	4.01	4.09	0.030	0.079	0.989

註：* $p<0.1$；** $p<0.05$；*** $p<0.01$

表 3.45　不同企業家文化程度的家族企業投資者責任的 Tamhane 多重比較

變　量	企業家文化程度（類別） I	J	均值差 (I-J)	顯著性 (Sig)
投資者	初中及以下	高中、中專	-0.18643	0.636
		大學專科	-0.30099*	0.091
		大學本科	-0.36855**	0.026
		研究生	-0.11263	1.000

註：* $p<0.1$；** $p<0.05$；*** $p<0.01$

第三，企業家行業工作經驗分為四類：第一類，行業工作經驗在 1~3 年；第二類，行業工作經驗在 4~8 年；第三類，行業工作經驗在 9~14 年；第四類，行業工作經驗在 15 年以上。對企業家行業工作經驗與樣本家族企業社會責任行為進行單因素方差分析。

方差齊性檢驗顯示，家族企業的內部人責任、外部人責任和公共責任（變量）均滿足方差齊性假設。從檢驗結果來看，不同企業家行業工作經驗的家族企業內部人責任、外部人責任行為表現存在明顯的差異（顯著性分別為 0.038、0.000），其中，企業家行業工作經驗在 1~3 年的家族企業對內部人責任、外部人責任表現最好（其均值分別為 4.16、4.31）；企業家行業工作經驗在 4~8 年的家族企業對內部人責任、外部人責任表現最差（其均值分別為 3.63、3.67）。不同企業家行業工作經驗的家族企業在公共責任行為表現上不存在明顯的差異（顯著性為 0.471）。

進一步分析發現，不同企業家行業工作經驗的家族企業對員工責任、債權人責任、夥伴責任和消費者責任行為表現明顯不同（顯著性分別為 0.026、0.025、0.004、0.000），其中，企業家行業工作經驗在 1~3 年的家族企業對員工責任、債權

人責任、夥伴責任和消費者表現最好（其均值分別為4.20、4.15、4.33、4.40）；企業家行業工作經驗在4~8年的家族企業對員工責任、債權人責任、夥伴責任和消費者表現最差（其均值分別為3.63、3.74、3.64、3.71）。

以上分析表明，不同企業家行業工作經驗的家族企業對內部人責任行為表現的差異性主要是由對員工責任行為表現的差異性所引起；對外部人責任行為表現的差異性主要是由對債權人責任、夥伴責任和消費者責任行為表現的差異性所引起。

表3.46 不同企業家行業工作經驗的家族企業社會責任行為比較

	1~3年	4~8年	9~14年	15年以上	齊性檢驗（Sig）	ANVOA（F）	ANVOA（Sig）
內部人責任**	4.16	3.63	3.70	3.76	0.728	2.838	0.038
外部人責任***	4.31	3.67	3.83	4.01	0.550	6.296	0.000
公共責任	3.92	3.67	3.78	3.82	0.170	0.844	0.471

註：* p<0.1； ** p<0.05； *** p<0.01

表3.47 不同企業家行業工作經驗的家族企業社會責任行為比較

	1~3年	4~8年	9~14年	15年以上	齊性檢驗（Sig）	ANVOA（F）	ANVOA（Sig）
投資者責任	4.00	3.71	3.67	3.75	0.850	0.798	0.496
員工責任**	4.20	3.63	3.70	3.78	0.801	3.131	0.026
債權人責任**	4.15	3.74	3.84	4.06	0.473	3.147	0.025
夥伴責任***	4.33	3.64	3.84	3.94	0.547	4.614	0.004
消費者責任***	4.40	3.71	3.82	4.09	0.215	7.198	0.000
環境責任	3.70	3.67	3.81	3.97	0.195	1.660	0.176
社區責任	3.64	3.62	3.71	3.67	0.113	0.255	0.858
法律和倫理責任	4.33	3.84	3.96	4.11	0.133	1.921	0.126

註：* p<0.1； ** p<0.05； *** p<0.01

3.4 家族企業與非家族企業社會責任意識和行為比較

3.4.1 家族企業與非家族企業社會責任意識的比較

對家族企業與非家族企業社會責任意識的獨立樣本的T檢驗結果顯示，總體上看，家族企業社會責任收益意識和社會責任成本意識明顯強於非家族企業（顯著性分別為0.000、0.001）。

進一步分析發現，家族企業更傾向於認同「創造經濟財富是企業的根本責任、承擔社會責任會進一步提升企業的形象和聲譽」等社會責任收益意識（顯著性分別為0.000、0.000），同時也更傾向於認同「承擔社會責任會增加企業的成本、企業社會責任是企業發展到一定階段才能顧及的、企業社會責任是企業基本責任之外的責任」等社會責任成本意識（顯著性分別為0.087、0.013、0.001）。

表3.48 家族企業與非家族企業社會責任意識的比較（一）

	家族企業	非家族企業	T值	Sig（雙尾）
社會責任收益意識***	3.96	3.37	5.779	0.000
社會責任成本意識***	3.45	3.09	3.437	0.001

註：* $p<0.1$；** $p<0.05$；*** $p<0.01$

表 3.49　家族企業與非家族企業社會責任意識的比較（二）

	家族企業	非家族企業	T值	Sig（雙尾）
創造經濟財富是企業的根本責任***	3.92	3.19	6.001	0.000
承擔社會責任會進一步提升企業的形象和聲譽***	4.03	3.55	4.169	0.000
承擔社會責任會增加企業的成本*	3.62	3.42	1.730	0.087
企業社會責任是企業發展到一定階段才能顧及的**	3.49	3.14	2.486	0.013
企業社會責任是企業基本責任之外的責任***	3.25	2.70	3.407	0.001

3.4.2　家族企業與非家族企業社會責任行為的比較

對家族企業與非家族企業社會責任行為的獨立樣本的 T 檢驗結果顯示，總體上看，家族企業對內部人責任、外部人責任和公共責任行為表現明顯好於非家族企業（顯著性分別為 0.002、0.000、0.002）。

進一步分析發現，家族企業對投資者責任、員工責任、債權人責任、夥伴責任、消費者責任、環境責任、社區責任、法律和倫理責任行為表現明顯好於非家族企業（顯著性分別為 0.002、0.003、0.001、0.002、0.000、0.005、0.024、0.000）。

以上分析表明：第一，總體上看，轉型經濟背景和儒家文化傳統下中國家族企業社會責任行為表現好於非家族企業；第二，家族企業對內部人責任行為表現較好主要由對投資者責任、員工責任行為表現較好所引起；第三，家族企業對外部人責任行為表現較好主要由對債權人責任、夥伴責任、消費者責任行為表現較好所引起；第四，家族企業對公共責任行為表現較好主要由對環境責任、社區責任、法律和倫理責任行為表現

較好所引起。

表3.50 家族企業與非家族企業社會責任行為的比較（一）

	家族企業	非家族企業	T值	Sig(雙尾)
內部人責任***	3.72	3.47	3.161	0.002
外部人責任***	3.87	3.53	3.785	0.000
公共責任***	3.77	3.46	3.173	0.002

註：*p<0.1；**p<0.05；***p<0.01

表3.51 家族企業與非家族企業社會責任行為的比較（二）

	家族企業	非家族企業	T值	Sig（雙尾）
投資者責任***	3.71	3.41	3.136	0.002
員工責任***	3.73	3.48	3.001	0.003
債權人責任***	3.90	3.52	3.452	0.001
夥伴責任***	3.85	3.54	3.116	0.002
消費者責任***	3.91	3.53	3.783	0.000
環境責任***	3.83	3.45	2.813	0.005
社區責任**	3.68	3.44	2.271	0.024
法律和倫理責任***	4.00	3.52	3.872	0.000

註：*p<0.1；**p<0.05；***p<0.01

3.5 結論與啟示

3.5.1 研究結論

基於浙江和重慶兩地樣本家族企業的問卷調查數據，採用描述性統計分析方法（獨立樣本的T檢驗、單因素方差分析

等），本章探討了現階段中國家族企業社會責任意識和行為表現的基本特徵、不同類型家族企業社會責任意識和行為表現之間可能存在的差異性以及家族企業與非家族企業的社會責任意識和行為表現之間可能存在的差異性。主要結論如下：

（1）家族企業社會責任意識

第一，總體上看，現階段中國家族企業社會責任收益意識強於家族企業社會責任成本意識。

第二，比較研究發現，現階段重慶家族企業社會責任收益意識明顯強於浙江家族企業社會責任收益意識；轉制家族企業社會責任收益意識可能強於非轉制家族企業（顯著性為0.066）；不同企業資產規模的家族企業社會責任成本意識可能不同（顯著性為0.054），其中，企業資產規模在3001萬～5000萬元的家族企業社會責任成本意識最強，企業資產規模在501萬～1000萬元的家族企業社會責任成本意識最弱；隨著企業家族所有權的增大，家族企業社會責任成本意識增大；企業總經理由老板本人或家人擔任的家族企業社會責任成本意識明顯弱於其他類型的家族企業；不同企業家文化程度的家族企業社會責任成本意識可能存在一定的差異（顯著性為0.074），其中，企業家文化程度為大學專科文化水準的家族企業社會責任成本意識最強，而企業家文化程度為初中及以下水準的家族企業社會責任成本意識最弱；不同企業家行業工作經驗的家族企業社會責任收益意識明顯不同，其中，企業家行業工作經驗在1～3年的家族企業社會責任收益意識最強，而企業家行業工作經驗在4～14年的家族企業社會責任收益意識最弱。

（2）家族企業社會責任行為

第一，總體上看，現階段中國家族企業社會責任行為可區分為內部人責任、外部人責任和公共責任三個不同的維度。在家族企業社會責任行為的三個維度中，現階段中國家族企業對

外部人責任行為表現較好，公共責任行為表現次之，內部人責任行為表現最差；在家族企業對外部人責任行為表現的五個子維度中，現階段中國家族企業對供應商和分銷商的責任表現最差，對消費者和債權人的責任表現相對較好，對同行競爭者的責任表現最好；在家族企業公共責任行為表現三個子維度中，現階段中國家族企業對法律和倫理責任表現最好，對環境責任表現次之，對社區責任表現最差；在家族企業內部人責任行為表現三個子維度中，現階段中國家族企業對員工責任表現最好，對投資者責任表現次之，對企業高管人員責任表現最差。

第二，比較研究發現，現階段重慶家族企業的內部人（員工）責任、外部人（債權人、夥伴和消費者）責任行為表現明顯好於浙江家族企業。儘管兩地家族企業在公共責任行為表現上不存在明顯的差異，但重慶家族企業在環境責任、法律和倫理責任表現明顯好於浙江家族企業；隨著家族所有權的增大，家族企業對內部人（員工）責任、外部人（夥伴、消費者）責任表現越好。儘管公共責任行為表現不會隨著家族所有權的增加而增加，但家族企業環境責任、法律和倫理責任表現隨著家族所有權的增大而增大；企業總經理由老闆本人或家人擔任的家族企業對外部人（債權人、夥伴）責任表現明顯好於由其他類型家族企業；由第一代所有或管理的家族企業對外部人（債權人、夥伴）責任表現好於後代所有或管理家族企業；不同企業家年齡結構的家族企業內部人責任、外部人責任行為表現不同，其中，企業家年齡在 36~45 歲之間的家族企業內部人（投資者、員工）責任和外部人（夥伴）責任表現最好，企業家年齡在 35 歲以下的家族企業內部人（投資者、員工）責任、外部人（夥伴）責任表現最差；儘管不同企業家文化程度的家族企業在內部人責任、外部人責任和公共責任行為表現上不存在明顯的差異，但不同企業家文化程度的家族

企業投資者責任表現可能不同（顯著性為0.065），其中企業家文化程度為大學本科的家族企業對投資者責任表現較好，企業家文化程度為初中及以下文化水準的家族企業對投資者責任表現較差；不同企業家行業工作經驗的家族企業內部人（員工）責任、外部人（債權人、夥伴、消費者）責任行為表現存在明顯的差異，其中，企業家行業工作經驗在1~3年的家族企業對內部人責任、外部人責任表現最好，企業家行業工作經驗在4~8年的家族企業對內部人責任、外部人責任表現最差。

(3) 家族企業與非家族企業社會責任的比較

總體上看，現階段中國家族企業社會責任收益意識和社會責任成本意識明顯強於非家族企業；同時，現階段中國家族企業對內部人（投資者、員工）責任、外部人（債權人、夥伴、消費者）責任和公共責任（環境、社區、法律和倫理）行為表現也明顯好於非家族企業。因此，現階段中國家族企業社會責任意識和行為表現總體上好於非家族企業。

3.5.2 研究啟示

(1) 理論意義

本研究的理論意義集中體現在以下兩個方面：

第一，本研究揭示，家族企業與非家族企業在社會責任意識和行為表現上存在明顯的差異，而不同家族控制程度（如不同家族所有權、家族管理權和家族代際傳承情況）的家族企業社會責任意識和行為表現也不同。這為研究者提供了重要啟示，表明家族性因素是影響現階段中國家族企業社會責任意識和行為的重要/關鍵變量，研究中國家族企業社會責任意識和行為有必要對企業的家族性特徵進行區分，綜合考慮不同維度的家族性因素（如家族所有權、家族管理權、家族文化、

家族代際傳承傾向等）對家族企業社會責任意識和行為的可能影響及影響機制。

第二，本研究揭示，不同類型（如不同地理區域、形成方式、家族控制程度、企業家特質等）家族企業的社會責任意識和行為表現可能不同。這為研究者提供了重要啟示，表明有關轉型經濟背景和儒家文化傳統下的中國家族企業社會責任意識和行為表現可能存在情境依賴性特徵。因此，科學界定和量化適合中國家族企業社會責任實踐的中國家族企業社會責任意識和行為表現的基本維度與內容及測評指標體系，深入研究現階段中國不同類型的家族企業社會責任意識和行為表現可能存在的差異性及原因，探討不同維度的家族企業社會責任變量對家族企業成長的可能影響及影響機制等問題，具有重要的理論價值和現實意義。

（2）實踐意義

本研究結論對中國家族企業社會責任及家族企業成長實踐有重要的啟示：

第一，從治理機制的角度來看，當前過於強調稀釋家族所有權以及引入非家族成員擔任企業總經理的職業化公司治理結構改革，不利於家族企業履行對企業內部人（員工）、外部人（商業夥伴、消費者）的責任，進而不利於提高家族企業員工的積極性和勞動生產率，也不利家族企業與外部利益相關者建立穩定持久的合作關係，這對家族企業成長可能是不利的。

第二，由第一代所有或管理的家族企業對外部人（債權人、夥伴）責任行為表現好於後代所有或管理家族企業，因此，如何增強家族企業繼承者的社會責任意識，實現家族領導權與企業社會責任意識等的同步傳承，進而促進家族企業的持續成長與發展，是現階段中國家族企業代際傳承過程中所必須要關注的一個重要問題。

（3）局限性及進一步深入研究的問題

當然，受研究環境和研究者能力限制，本研究存在一定的局限性。具體體現在：

第一，本次企業問卷調查共獲得了415個有效民營企業樣本數據，其中，家族企業樣本351個，非家族企業樣本64個[①]。由於家族企業的樣本量較大而非家族企業樣本量過小，降低了有關中國家族企業與非家族企業社會責任意識和行為差異性研究結論的可靠性和說服力。

第二，受研究條件的限制，本研究沒有對轉型經濟背景和儒家文化傳下的中國家族企業社會責任意識和行為表現與海外華人家族企業社會責任意識和行為表現進行比較。

第三，本研究僅僅是一個描述性統計分析，研究結論的可靠性有待於更進一步的實證分析（如多元迴歸分析、結構方程分析）來檢驗。

因此，未來有關轉型經濟背景和儒家文化傳統下的中國家族企業社會責任問題的研究可以從以下兩個方面進行拓展：第一，增加跨區域、跨行業的家族企業樣本量以及非家族企業樣本量；第二，通過更嚴密的實證研究，如綜合運用時間序列分析方法和橫截面研究方法，在此基礎上，深入揭示現階段中國家族企業社會責任的基本特徵、家族企業與非家族企業社會責任的差異性及原因等問題。

[①] 當然，由於不同學者對家族企業界定標準認識的差異性，有關家族企業與非家族企業樣本量的多少可能存在一定的差異性。

4

家族涉入與企業社會責任

4.1 引言

　　家族企業與非家族企業社會責任行為表現是否存在明顯的差異？為何存在差異？自20世紀90年代尤其是21世紀以來，該問題已逐漸引起國外一些學者的關注。諸如組織認同理論、組織聲譽理論、道德資本理論和代理理論等，都成為解釋家族企業社會責任行為差異性的重要理論基礎（Dyer & Whetten, 2006; Li & Zhang, 2010; Bingham et al., 2011）。前期研究文獻產生了相互對立的理論分析框架和經驗研究結果。如一些研究顯示，家族企業支持利益相關者理論，較非家族企業有更好的社會責任行為表現（Dyer & Whetten, 2006; Bingham et al., 2011）。但一些研究也揭示，家族企業所有者渴望保護自己狹隘的利益而較少關注利益相關者的利益，從而較少地採取負責的社會行為（Margolis & Walsh, 2003; Morck & Yeung, 2004）。研究揭示，家族企業作為家族涉入企業所形成的複雜系統，會顯著地受到家族涉入（或家族性）因素的影響，但前期有關家族涉入與家族企業社會責任之間的基本關係，出現

了正相關、負相關和不相關等不一致的經驗研究結果（Dyer & Whetten，2006；Bingham et al.，2011；O'Boyle, Matthew & Pollack，2010）。如 O'Boyle、Matthew 和 Pollack（2010）發現，家族價值觀的一致性（Value Ongruence）、家族參與的持續性（Particpative Continuance）與家族企業倫理焦點（Ethical Focus）顯著正相關，而家族所有和控制與家族企業倫理焦點顯著負相關。這可能是由於家族涉入企業的多維度性和複雜性，不同維度和內容的家族涉入變量對家族企業社會責任意識和行為的影響可能不同；同時，家族企業社會責任意識和行為也與企業所嵌入的經濟情境、文化傳統、制度安排等社會特徵緊密相關。

對此，本章利用浙江和重慶兩省（市）418家樣本民營企業的問卷調查數據，探討家族涉入與企業社會責任之間的基本關係。具體內容涉及：第一，家族企業與非家族企業社會責任之間的差異性；第二，家族涉入（家族權力、家族文化和家族經驗）對家族企業社會責任的影響。

與上述目標相適應，本章後續部分的結構安排是：第二部分是理論分析與研究假設，第三部分是描述本章的樣本收集與研究方法，第四部分是討論經驗分析結果，第五部分是全章的總結與展望。

本研究的主要貢獻是：第一，首次對中國家族企業社會責任行為展開跨地區的經驗研究，研究結論顯示出目前中國家族企業社會責任行為總體上好於非家族企業；第二，探討了家族權力安排、家族經驗（家族代際傳承情況）、家族文化等不同維度的家族涉入變量對家族企業社會責任行為的主要影響，實證了家族性因素也是影響中國家族企業社會責任行為的重要或關鍵變量；此外，本研究還揭示，在當前中國經濟越發達的地區，民營企業社會責任行為表現越差，該結論與 Jones（1999）的結論相矛盾，但實證了 Zu 和 Song（2009）有關中國企業社

會責任問題的經驗研究結論,並在一定程度上表明了家族企業社會責任行為確實受社會經濟制度和文化環境等外部因素的制約。

4.2　理論分析與研究假設

4.2.1　家族企業與非家族企業社會責任行為比較

圍繞該問題的研究,目前國外學術界大致形成了以下兩種基本的觀點:

第一,家族企業比非家族企業能更好地履行社會責任(Graafland, 2002; Godfrey, 2005; Dyer & Whetten, 2006; Bingham et al., 2011)。其一,家族企業具有長期發展與傳承導向,趨向於採用關係取向和集體主義認同取向,因而更加關心利益相關者的利益,顯示出較高的社會責任行為(Bingham et al., 2011)。同時,由於家族對家族企業經濟活動的巨大影響,失去聲譽往往伴隨著企業資產的巨大損失,因此家族所有者更加關心組織形象和聲譽(Godfrey, 2005; Whetten & Mackey, 2005; Dyer & Wheteen, 2006),更可能把資源投資於企業社會責任領域以建立和保持良好的組織形象和聲譽(Dyer & Whetten, 2006)。事實上,影響家族所有者聲譽的公共制裁威脅可以作為一種保險機制,以確保家族企業在社會責任領域投資更多(Bingham et al., 2011)。其二,企業負責任的社會行為作為積極道德資本(Moral Capital),能夠保護家族企業潛在的關係財富和收入流,避免源於企業營運風險所帶來的經濟價值損失(Godfrey, 2005)。其三,家族企業往往追求更加平衡的目標(Chrisman, Chua & Zahra, 2003; Steier, 2003),涉及倫理(Adams, Taschian & Shore, 1996)、社會績

效（Deniz & Suarez，2005）和環境績效（Walls, Phan & Berrone, 2007）等，顯示出較高的社會責任行為。

第二，相對於非家族企業，家族企業是不負責任的社會行為者（Banfield, 1958；Margolis & Walsh, 2003；Morck & Yeung, 2004；Li & Zhang, 2010）。其一，家族企業所有者渴望保護自己狹隘的利益而較少關注外部利益相關者的利益（Margolis & Walsh, 2003；Morck & Yeung, 2004）；其二，按照道德資本理論的解釋，貧困落後地區存在「非道德性的家族主義」（Amoral Familism）現象，一個家族往往對外部其他家族持懷疑態度，「非道德性的家族主義」的動態性表明所有者家族可能是不負責任的社會行為者（Banfield, 1958）；此外，在新興市場經濟體，家族企業大股東可能通過「隧道行為」對外部中小股東利益進行剝奪，降低企業社會責任（Li & Zhang, 2010）。

華人家族企業主要是以血緣、親緣、地緣等家族或泛家族關係為基本聯繫紐帶的經濟組織，這種天然的信任關係形成了員工對企業的高度忠誠。而華人集體主義文化特徵或關係集體主義文化特徵（Herrmann－Pillath, 2009）會進一步增強家族企業對利益相關者利益的關注。此外，華人家族企業往往通過承擔社會責任以累積更多的社會資本（如政府關係資本），這是華人家族企業持續成長的重要趨動因素。基於上述分析，對此提出如下假設：

H1：家族企業比非家族企業能更好地履行社會責任。

4.2.2 家族涉入對家族企業社會責任行為的影響

家族企業是家族涉入企業所形成的複雜系統，家族作為獨特的社會組織在企業組織中的嵌入及企業主要的最終控制人，會對家族企業的社會責任行為產生重要的影響。如 Déniz 和

Suárez（2005）的實證研究發現，家族企業社會責任導向與行為的差異性更可能是由於企業的家族所有權與管理權、家族代際傳承情況、家族文化與價值觀等家族性特徵的影響所致。Dyer 和 Whetten（2006）指出，當家族企業的兩權合一程度越高，家族更可能向企業灌輸其價值觀、身分和認知，從而執行企業社會責任措施的能力就越強。第一，所有權本質上反應的是所有者對物質資本的財產所有權，當家族對企業所有權越大，任何有損企業形象和聲譽的行為可能導致所有者家族的物質資本損失就越大，這會激勵家族所有者採取負責任的社會行為；由於家族經理職位一般不需要通過市場競爭方式獲取，且由於家族契約的限制，家族經理也不會輕易離開家族企業，這意味著家族經理必須承擔由於較低的企業社會責任行為所帶來的不良聲譽，因此家族經理往往避免有損企業聲譽的行為。同時，家族成員涉入企業管理，也有助於更好地理解組織目標，培育心理所有權，增強其社會責任意識（Kellermanns et al., 2010）。家族成員涉入企業管理越深，就越能識別和理解企業所面臨的挑戰和機遇（Zahra, 2005），更可能關心企業的社會責任需求（Bingham et al., 2011）。第二，中國家族企業大多是由第一代創業者所有或管理的企業，更多是依靠創業者個人的領袖魅力和感召力推動企業成長，隨著企業的成長與發展，創業者常常將家族企業當做是自己或家族身分和聲譽的擴展，更可能採取負責任的社會行為。第三，家族涉入企業的另一個重要方面是家族成員對組織任務的支持（Astrachan, Klein & Smyrnios, 2002）。當家族成員彼此支持、分享責任並幫助完成組織任務時，代理成本和機會主義行為會降低（Kellermanns et al., 2010）。而儒家文化本質上是強調社會責任的，華人家族企業創始人在功成名就之後，往往有感恩、回饋故鄉、社區和社會的致富思源情結，使家族企業顯示出較負責任的社會行為。基於上述分析，對此提出如下假設：

H2：家族涉入企業的程度越深，家族企業的社會責任行為表現越好。

4.3 研究方法

4.3.1 樣本與數據收集

本章所用數據主要來自2010年5~7月對浙江、重慶兩地家族企業的問卷調查。樣本與數據收集的具體情況見1.4.2。

4.3.2 變量選取與測量

（1）被解釋變量

被解釋變量為企業社會責任。主要借鑑了前人的研究成果（鄭海東，2007），並結合實地的半結構訪談，最後確定了27個題項的測量指標體系，涉及內部人責任（ICSR，投資者利益、員工發展）、外部人責任（OCSR，債權人保護、商業夥伴與消費者利益）、公共責任（PCSR，環境保護、社區意識、法律和倫理意識）三方面內容（具體測量條款見表4.1），採用5點Liketer量表進行測量，範圍從1（很不同意）到5（非常同意）。探索性因子分析顯示，該量表的KMO為0.951，Bartlett球形檢驗值的顯著性水準為0.000，因子載荷最低為0.506，累計方差解釋能力為52.394%，總量表及各子維度的Cronbach α值最低為0.855，信度和效度均可接受。

（2）解釋變量

①家族企業（FB）。採用虛擬變量來測量，將家族成員持股比例在50%以上的民營企業界定為家族企業，並賦值為1，其他類型民營企業賦值為0。

②家族涉入。主要借鑑了 Astrachan、Klein 和 Smyrnios

（2002）等人的多因素測量指標體系，包括家族權力、家族經驗和家族文化三維度變量。其中：

第一，家族權力，用「家族成員持股比例」（FO）、「企業總經理是否由家族成員擔任」來測量（FM），並將總經理由家族成員擔任的企業賦值為1，其餘賦值為0。

第二，家族經驗，用「企業是否由第一代創業者所有或管理」來測量（GOM），並將由第一代創業者所有或管理的企業賦值為1，其餘賦值為0。

第三，家族文化（FC），採用5點Liketer量表測量，取值範圍從1（很不同意）到5（非常同意）。具體包括：A. 家族成員關心企業的前途和命運；B. 家族成員以自己是企業的一部分而感到自豪；C. 家族成員理解並支持關於企業長期發展的決策；D. 家族成員對企業的目標、計劃和政策能達到一致；E. 家族成員願意付出超過正常預期的努力來確保企業的成功。探索性因子分析顯示，該量表的KMO為0.819，Bartlett球形檢驗值的顯著性水準為0.000，因子載荷最低為0.699，累計方差解釋能力為56.307%，信度檢驗顯示Cronbach α值為0.805，信度和效度均可接受。

（3）控制變量

為了更準確地分析家族涉入對企業社會責任的影響，本章收集了以下變量數據，並在檢驗模型中作為控制變量：

①產業屬性。企業對社會責任的反應在不同行業存在一定的差異，不控制產業效應可能會導致有偏結論（Dyer & Whetten, 2006；Zu & Song, 2009），本章以製造業作為研究樣本以控制產業屬性的影響。

②地理區域（LOCA）。地理區域的差異性在一定程度上體現出社會文化、經濟發展水準及制度環境的差異性，Jones（1999）的研究揭示，發達社會企業社會責任行為導向更突出，而Zu和Song（2009）對中國的實證研究則顯示，越貧困

落後地區的企業可能有較高的社會責任行為。故本章將其作為控制變量，使用虛擬變量進行測量，並將浙江企業賦值為1，重慶企業賦值為0。

③企業規模（SIZE）。它通過影響企業的環境和社會活動（Amato & Amato，2007）對企業社會責任產生影響（Zu & Song，2009；Bingham et al.，2011），本章以企業資產進行測量（單位：萬元），且在檢驗模型中對資產總額取自然對數處理。

④企業轉制情況（RES）。國有與非國有企業在社會責任行為及影響因素上存在一定的差異（Li & Zhang，2010），轉制企業前身是國有或集體企業，由於路徑依賴特徵，有必要將其作為控制變量納入模型，本章使用虛擬變量進行測量，並將轉制企業賦值為1，非轉制企業賦值為0。

⑤企業財務績效水準（SG）。它與企業社會責任之間可能存在顯著的相關關係（Li & Zhang，2010；Bingham et al.，2011），本章以企業近三年的年均銷售增長率來測量。

表4.1　　　　　　　企業社會責任的因素提取

	因子載荷		
	外部人責任	公共責任	內部人責任
企業向消費者提供的產品信息全面真實沒有誤導	0.713	0.112	0.182
企業在同行競爭中遵守公平競爭原則	0.698	0.222	0.108
企業按時足額支付供應商的貨款	0.674	0.266	0.149
企業按合同規定穩定及時地為各分銷商供貨	0.674	0.140	0.300
企業為消費者提供安全和優質的產品或服務	0.660	0.061	0.310
企業能迅速處理消費者的抱怨、退貨和賠償要求	0.656	0.179	0.219
企業採購過程中各供應商參與交易的機會平等	0.603	0.235	0.341
企業與債權人合作關係穩定並注重長期合作	0.595	0.364	0.197

表4.1(續)

	因子載荷		
	外部人責任	公共責任	內部人責任
企業按時足額償還企業的所有債務	0.550	0.338	0.241
企業積極為本地文教事業等公益事業提供經濟支持	0.076	0.724	0.307
企業積極從事慈善事業,盡可能多地為社會提供捐贈	0.151	0.695	0.309
企業關注經濟上處於弱勢的群體,並經常提供各種幫助	0.168	0.664	0.331
企業的就業機會在同等條件下優先照顧當地社區	0.154	0.660	0.254
企業遵守各項法律法規並依次要求員工	0.487	0.631	0.083
企業遵守社會規範和倫理傳統並依次要求員工	0.459	0.624	0.123
企業不干擾企業所在社區居民的正常生活	0.459	0.604	0.100
企業能妥善處理生產生活中產生的各種廢棄物和危險品	0.410	0.516	0.312
企業員工的平均工資水準在本地有競爭力	0.041	0.142	0.747
企業能夠及時足額地發放各類員工的工資	0.386	0.067	0.605
企業實施的高層管理人員薪酬政策在本地有競爭力	0.103	0.323	0.602
企業對員工的非自願性工作給予了合理的報酬	0.346	0.096	0.585
企業高層管理人員深得所有者信任且人際關係融洽	0.286	0.272	0.555
企業員工發生職業病和工傷事故數目比同行少	0.294	0.228	0.531
企業按新勞動合同法與全部員工都簽訂了勞動合同	0.408	0.152	0.524
企業及時向投資者提供全面真實的信息	0.272	0.304	0.523
投資者對企業的投資回報非常滿意	0.165	0.341	0.519
企業對員工的教育培訓比同行好	0.149	0.349	0.506
Cronbach α 0.942	0.855	0.891	0.879

註:(1)提取方法:Principal Component Analysis;(2)旋轉方法:Varimax with Kaiser Normalization.

4.4　實證分析與結果

4.4.1　描述性統計分析及相關分析

表4.2揭示了各變量的描述性統計分析及Pearson相關分析結果。總體上，樣本民營企業對外部人責任表現最好（均值為3.82），其次是公共責任（均值為3.72），對內部人責任表現最差（均值為3.68），配對樣本的T檢驗顯示，該差異性是統計顯著的。同時，在民營企業社會責任各子維度中，遵守法律法規、社會規範和倫理傳統被認為是民營企業最重要的社會責任行為（均值達3.92），而社區責任表現最差（均值為3.64）。該結論在一定程度上實證了華人家族企業的「弱組織、強關係」網絡特徵，即華人家族企業趨向於利用與其他企業和機構之間的外部網絡關係來彌補組織自身的弱軟與不足（Redding, 1991）。相關分析顯示，家族企業、家族所有權、家族文化與企業內部人責任之間顯著正相關，家族企業、家族所有權、創業者所有或管理、家族文化與外部人責任之間顯著正相關，家族企業、家族所有權、家族文化與公共責任之間顯著正相關。

表 4.2 描述性統計分析與相關係數

變量	均值	標準差	1	2	3	4	5	6	7	8	9	10	11	12
1. ICSR	3.68	0.06	1											
2. OCSR	3.82	0.67	0.678**	1										
3. PCSR	3.72	0.72	0.686**	0.680**	1									
4. LOCA	0.54	0.50	−0.215**	−0.370**	−0.177**	1								
5. SIZE	7.14	1.79	0.077	0.044	0.049	0.163**	1							
6. RES	0.11	0.31	0.117*	0.121**	0.096*	−0.110*	0.223**	1						
7. SG	0.17	0.17	0.022	0.073	0.044	−0.022	0.155**	0.066	1					
8. FB	0.85	0.36	0.159**	0.187**	0.159**	−0.188**	−0.195**	−0.004	−0.042	1				
9. FO	0.83	0.24	0.183**	0.209**	0.145**	−0.240**	−0.271**	−0.060	−0.058	0.826**	1			
10. FM	0.79	0.41	−0.074	0.075	0.018	0.010	−0.055	0.032	−0.011	0.012	0.012	1		
11. GOM	0.90	0.39	0.073	0.114*	0.031	0.036	−0.009	−0.073	0.013	0.029	0.081**	0.060	1	
12. FC	3.54	0.71	0.349**	0.279**	0.310**	−0.014	0.042	−0.034	−0.004	0.247**	0.235**	−0.069	0.102*	1

註：* $p<0.05$，** $p<0.01$；單側檢驗。

4.4.2 假設檢驗

表4.3和表4.4揭示，家族企業無論在對內部人（投資者、員工）責任、外部人（債權人、商業夥伴、消費者）責任和公共（社區、法律和倫理）責任方面均好於非家族企業，家族企業對環境的責任可能好於非家族企業（$\beta = 0.356$，$p < 0.10$），假設H1得到驗證。這說明，家族企業更關注與企業內外部利益相關者發展和培育合作關係。此外，重慶民營企業社會責任行為表現總體上好於浙江民營企業，該結論與Zu和Song（2009）對中國企業社會責任問題的研究結論相一致，即越貧困落後地區企業社會責任行為表現越好，但與Jones（1999）的結論相矛盾。這其中的原因是什麼有待於更深入的研究。需要指出的是，浙江和重慶兩地民營企業在對投資者責任、社區責任方面不存在明顯的差異；規模越大的民營企業對內部人責任、外部人責任表現越好，這種差異性主要是由於規模越大的民營企業對投資者責任和債權人責任表現越好所引起的。

表4.3 家族企業與非家族企業社會責任行為比較的OLS分析結果（一）

	內部人責任（ICSR）	外部人責任（OCSR）	公共責任（PCSR）
CONSTANT	3.352*** (0.158)	3.510*** (0.171)	3.330*** (0.202)
LOCA	-0.222*** (0.062)	-0.465*** (0.065)	-0.230*** (0.078)
SIZE	0.037** (0.018)	0.043** (0.019)	0.035 (0.022)
RES	0.150 (0.101)	0.168 (0.106)	0.084 (0.128)
SG	-0.120 (0.178)	0.072 (0.192)	0.016 (0.229)
FB	0.221*** (0.079)	0.286*** (0.084)	0.317*** (0.101)
R^2 adj.	0.070	0.174	0.050
F	6.203***	15.914***	4.709***
N	349	355	350

註：迴歸系數是非標準化系數，括號內的數字為標準差；

*、** 和 *** 分別表示 t 檢驗值在10%、5%和1%的水準上是顯著的。

表 4.4　　家族企業與非家族企業社會責任行為比較的 OLS 分析結果(二)

	投資者	員工	債權人	商業夥伴	消費者	環境	社區	法律和倫理
CONSTANT	2.945*** (0.194)	3.476*** (0.163)	3.221*** (0.214)	3.530*** (0.191)	3.719*** (0.188)	3.350*** (0.277)	3.187*** (0.211)	3.686*** (0.249)
LOCA	−0.050 (0.075)	−0.264*** (0.063)	−0.391*** (0.082)	−0.425*** (0.073)	−0.554*** (0.072)	−0.315*** (0.106)	−0.081 (0.082)	−0.535*** (0.096)
SIZE	0.059** (0.022)	0.029 (0.018)	0.080*** (0.024)	0.034* (0.021)	0.023 (0.021)	0.040 (0.031)	0.034 (0.024)	0.031 (0.028)
RES	0.235* (0.123)	0.141 (0.103)	0.144 (0.134)	0.136 (0.119)	0.236** (0.119)	0.107 (0.175)	0.096 (0.133)	0.048 (0.158)
SG	0.144 (0.220)	−0.186 (0.184)	−0.248 (0.243)	0.209 (0.214)	0.096 (0.212)	0.006 (0.313)	0.031 (0.240)	−0.067 (0.284)
FB	0.323*** (0.098)	0.196** (0.082)	0.359*** (0.108)	0.251*** (0.095)	0.274*** (0.095)	0.356** (0.139)	0.287*** (0.107)	0.371*** (0.126)
R^2 adj.	0.051	0.072	0.108	0.117	0.182	0.039	0.017	0.104
F	4.843***	6.498***	9.776***	10.611***	17.092***	3.902***	2.251*	9.385***
N	362	354	363	362	362	363	361	363

註：迴歸係數是非標準化係數，括號內的數字為標準差；

*、** 和 *** 分別表示 t 檢驗值在 10%、5% 和 1% 的水準上是顯著的。

表4.5揭示，家族涉入家族企業的水準越高，家族企業社會責任行為表現越好。具體而言，家族所有權對家族企業的內部人責任、外部人責任均有顯著的正向影響，對公共責任可能有顯著的正向影響（β＝0.550，p＜0.10）；家族管理權對家族企業的外部人責任有顯著的正向影響；由第一代創業者所有或管理的家族企業，對家族企業外部人責任行為表現明顯好於其他類型家族企業；家族文化對家族企業的內部人責任、外部人責任及公共責任均具有顯著的正向影響。假設H2得到部分驗證。

　　進一步分析發現（見表4.6）：第一，家族所有權對家族企業的投資者責任、員工責任、消費者責任、環境責任、法律和倫理責任有顯著的正向影響，對債權人責任可能有顯著的正向影響（β＝0.543，p＜0.10）。第二，家族管理權對家族企業的債權人責任、環境責任、法律和倫理責任有顯著的正向影響，對商業夥伴責任可能有顯著的正向影響（β＝0.171，p＜0.10）。這說明，家族對企業所有權與管理權的控制，有利於家族企業履行對投資者、員工、消費者、債權人和環境的責任以及法律和倫理責任。第三，由創業者所有或管理的家族企業，對商業夥伴的責任明顯好於其他類型家族企業，對債權人的責任可能好於其他類型家族企業（β＝0.270，p＜0.10）。這說明，由創業者所有並控制多個管理崗位的家族企業尤其強調與商業夥伴合作關係的發展與培育，換代傳承對家族企業履行對商業夥伴的責任可能是不利的。第四，家族文化對家族企業社會責任行為各子維度均有顯著的正向影響。這說明，家族成員對組織目標的強承諾和支持是家族企業履行社會責任的重要驅動因素。此外，重慶家族企業對內部人責任、外部人責任明顯好於浙江家族企業，該差異性主要是由於重慶家族企業對員工責任、債權人責任、商業夥伴責任、消費者責任、法律和

倫理責任行為表現的差異性所引起。規模越大的家族企業對外部人責任表現越好，這種差異性主要由對債權人責任的差異性所引起。儘管規模差異不會引起家族企業內部人責任的差異，但規模越大的家族企業對投資者的責任表現越好。此外，轉制家族企業對消費者的責任明顯好於非轉制家族企業。

表 4.5　家族涉入對家族企業社會責任行為影響的 OLS 分析結果（一）

	內部人責任（ICSR）	外部人責任（OCSR）	公共責任（PCSR）
CONSTANT	1.933***（0.323）	1.879***（0.340）	1.964***（0.440）
LOCA	-0.142**（0.065）	-0.388***（0.067）	-0.125（0.086）
SIZE	0.032（0.020）	0.046**（0.021）	0.027（0.027）
RES	0.115（0.105）	0.128（0.109）	0.044（0.140）
SG	-0.159（0.189）	0.089（0.201）	0.108（0.258）
FO	0.670***（0.228）	0.593**（0.239）	0.550*（0.309）
FM	-0.016（0.080）	0.198**（0.084）	0.164（0.106）
GOM	0.044（0.106）	0.235**（0.112）	-0.002（0.142）
FC	0.277***（0.045）	0.257***（0.047）	0.284***（0.062）
R^2 adj.	0.157	0.220	0.074
F	7.402***	10.879***	3.728***
N	276	282	276

註：迴歸系數是非標準化系數，括號內的數字為標準差；

*、** 和 *** 分別表示 t 檢驗值在 10%、5% 和 1% 的水準上是顯著的。

表 4.6　家族涉入對家族企業社會責任行為影響的 OLS 分析結果（二）

	投資者	員工	債權人	商業夥伴	消費者	環境	社區	法律和倫理
CONSTANT	1.786*** (0.404)	2.022*** (0.335)	1.715*** (0.451)	2.065*** (0.389)	1.833*** (0.374)	1.550*** (0.590)	2.367*** (0.468)	1.578*** (0.520)
LOCA	0.033 (0.080)	-0.185*** (0.067)	-0.304*** (0.089)	-0.359*** (0.077)	-0.465*** (0.074)	-0.158 (0.116)	-0.011 (0.092)	-0.421*** (0.103)
SIZE	0.051** (0.025)	0.023 (0.021)	0.079*** (0.028)	0.032 (0.024)	0.033 (0.023)	0.053 (0.036)	0.013 (0.028)	0.043 (0.032)
RES	0.235* (0.131)	0.100 (0.107)	0.063 (0.144)	0.094 (0.123)	0.262** (0.120)	0.035 (0.190)	0.059 (0.147)	0.028 (0.168)
SG	0.003 (0.241)	-0.191 (0.198)	-0.272 (0.269)	0.284 (0.229)	0.054 (0.221)	0.213 (0.349)	0.057 (0.275)	-0.026 (0.313)
FO	0.665** (0.285)	0.639*** (0.236)	0.543* (0.318)	0.452 (0.274)	0.847*** (0.263)	0.936** (0.415)	0.233 (0.329)	1.102*** (0.369)
FM	-0.047 (0.100)	-0.021 (0.083)	0.291*** (0.110)	0.171* (0.094)	0.122 (0.092)	0.300** (0.144)	0.065 (0.113)	0.339*** (0.126)
GOM	-0.013 (0.135)	0.055 (0.108)	0.270* (0.147)	0.305** (0.126)	0.089 (0.124)	-0.026 (0.195)	-0.064 (0.151)	0.108 (0.170)
FC	0.264*** (0.056)	0.285*** (0.047)	0.235*** (0.062)	0.236*** (0.054)	0.298*** (0.052)	0.237*** (0.082)	0.282*** 0.065	0.254*** (0.074)
R^2 adj.	0.094	0.154	0.123	0.148	0.232	0.045	0.042	0.121
F	4.725***	7.371***	6.052***	7.255***	11.863***	2.712***	2.561***	5.968***
N	289	280	289	289	288	289	287	289

註：迴歸系數是非標準化系數，括號內的數字為標準差；
*、** 和 *** 分別表示 t 檢驗值在 10%、5% 和 1% 的水準上是顯著的。

4.5 結論與啟示

4.5.1 研究結論

家族涉入是影響企業社會責任行為的重要變量，家族企業社會責任行為由於系統地受到家族性因素的影響而與非家族企業明顯不同。本章利用浙江和重慶兩地製造業民營企業調查數據，實證檢驗了家族涉入對企業社會責任行為的影響，結果發現：

第一，民營企業社會責任可區分為內部人（投資者、員工）責任、外部人（債權人、商業夥伴、消費者）責任及公共（環境、社區、法律和倫理）責任三個方面。

第二，中國家族企業對內部人（投資者、員工）責任、外部人（債權人、商業夥伴、消費者）責任及公共（社區、法律和倫理）責任好於非家族企業。

第三，家族涉入對家族企業社會責任有顯著的影響。具體而言：家族所有權對家族企業的內部人（投資者、員工）責任、外部人（消費者）責任有顯著的正向影響，家族管理權對家族企業的外部人（債權人）責任有顯著的正向影響，儘管家族所有權與管理權對家族企業公共責任無顯著的影響，但對環境責任、法律和倫理責任有顯著的正向影響；由創業者所有或管理的家族企業，對外部人（商業夥伴）責任明顯好於其他類型家族企業；家族文化對家族企業社會責任各子維度均有顯著的正向影響。

4.5.2 研究的理論意義與實踐意義

（1）理論意義

本研究的理論意義集中體現在以下三個方面：

第一，構建並量化了適合中國民營/家族企業社會責任實踐的基本維度與內容及測評指標體系，為後續研究奠定了堅實的基礎。

第二，對中國家族企業社會責任行為展開了跨地區的較大樣本的經驗研究，研究結論顯示出目前中國家族企業社會責任行為好於非家族企業。

第三，分類研究了不同維度的家族涉入（家族權力、家族經驗、家族文化）變量對中國家族企業社會責任的主要影響，實證了家族性因素是影響現階段中國家族企業社會責任行為的重要變量，彌補了目前國內學術界從家族涉入視角研究中國家族企業社會責任問題的系統性研究成果幾近空白的缺陷。

（2）實踐意義

本研究的實踐意義主要體現在以下三個方面：

第一，本研究揭示，民營企業中家族企業與非家族企業社會責任行為表現不同，家族涉入的不同維度變量對家族企業社會責任的影響也不同。這為研究者提供了重要啟示：對中國民營/家族企業社會責任行為的評估應區分家族企業與非家族企業、不同類型家族企業（如不同家族涉入程度）等分別進行。

第二，本研究揭示，家族所有權對家族企業的內部人（投資者、員工）責任、外部人（消費者）責任有顯著的正向影響，家族管理權對家族企業的外部人（債權人）責任有顯著的正向影響，同時家族所有權與管理權對家族企業環境責任、法律和倫理責任有顯著的正向影響。這為研究者提供了重要啟示：從治理機制的角度來看，當前過於強調稀釋家族所有權以及引入非家族成員擔任家族企業總經理的社會化與職業化

公司治理結構改革，對於增強中國家族企業社會責任意識和行為可能是不利的。

第三，考慮到家族承諾文化對中國家族企業社會責任行為的積極影響，因此作為家族企業領導人應加強對接班人社會責任意識的引導和培育，並積極引導和培育家族成員支持企業目標與任務的「強承諾」文化，進而營造「強承諾」的家族企業文化。這對於家族企業增強社會責任意識和行為具有重要現實意義。

4.5.3　局限性及有待進一步深入研究的問題

當然，受研究環境和研究者能力限制，本研究存在一定的局限性。具體體現在：

第一，本研究有關家族權力和家族經驗的測量較簡單。如對家族管理權的測量僅考慮了家族成員擔任總經理的情況，事實上多個家族成員參與企業經營管理是家族控制企業管理權的常態；對家族經驗的測量僅僅考慮了領導企業的家族代數，沒有考慮家族企業高管團隊中家族後代涉入情況、潛在繼承者是否為家族成員及家族成員類型等家族傳承意願和傾向的影響。

第二，本研究也沒有區分家族涉入類型的差異性（如家族成員積極主動地參與企業經營管理或消極被動地參與企業經營管理）及其對家族企業社會責任行為的可能影響。

第三，橫截面研究設計沒有考慮時間因素的影響。

因此，未來有必要圍繞上述問題展開進一步的分析研究。

5

家族企業社會責任與企業績效：
內部能力與外部關係的調節效應

5.1 引言

公司社會責任（CSR）與企業績效關係是近年來學術界探討和爭論的熱點問題（Margolis & Walsh, 2003）。前期研究產生了相互對立的理論觀點和經驗研究結果，並大致形成了線性關係（Wright & Ferris, 1997；Waddock & Graves, 1997；Orlitzky, Schmidt & Rynes, 2003）、曲線關係（Barnett & Salomon, 2006；Brammer & Millington, 2008）和不相關（Aupperle, Carroll & Hatifield, 1985；McWilliams & Siegel, 2000）三種基本結論。例如，Waddock 和 Graves（1997）的實證研究發現，CSR 對滯後一期的資產收益率（ROA）有顯著的正向影響；Brammer 和 Millington（2008）的實證研究揭示，企業追求低成本或差異化戰略可能有更好的績效表現，CSR（捐贈行為）被認為是企業差異化戰略的重要方式（Mackey, Mackey & Barney, 2007），導致 CSR（捐贈行為）與企業財務績效之間存在倒 U 型關係；McWilliams 和 Siegel（2000）的實證分析指出，當創新作為解釋變量進入 CSR 與企業財務績效關係模型

时，CSR 对企业财务绩效无显著的影响。这其中的原因可能是多方面的：第一，CSR 概念界定与测量指标的差异性（Margolis & Walsh, 2003）和测量的困难性（Waddock & Graves, 1997; Griffin & Mahon, 1997）；第二，企业绩效指标测量的不一致性（Margolis & Walsh, 2003），大部分经验研究侧重于财务和市场导向的绩效行为（Waddock & Graves, 1997; McWilliams & Siegel, 2000），并忽视了风险调整与风险不调整财务绩效之间的差异性；第三，主要采用横截面研究设计，尽管也有少数学者引入了滞后变量、变量变化等指标，但滞后时期通常在 1~2 年的范围（Waddock & Graves, 1997; Griffin & Mahon, 1997）；第四，直接探讨二者间的关系（Margolis & Walsh, 2003），没有考虑 CSR 与企业绩效之间可能存在情境依赖性特征（Goll & Rasheed, 2004; Hull & Rothenberg, 2008）。

尽管学术界已累积较多有关 CSR 与企业绩效关系的研究成果，但家族企业领域的相关研究很少（Niebm, Swinney & Miller, 2008）。家族企业是家族涉入企业所形成的复杂系统，家族作为独特的社会组织在企业组织中的嵌入及企业主要的最终控制人，对家族企业社会责任行为（Niebm, Swinney & Miller, 2008; Déniz & Suárez, 2005）及企业绩效表现（Anderson & Reeb, 2003）可能产生重要的影响。家族企业社会责任与企业绩效关系如何？二者之间的关系与非家族企业相比是否存在明显的差异？中国家族企业社会责任与企业绩效关系如何？二者之间的关系与发达国家（如美国）家族企业相比是否存在明显的差异？

对此，本章利用浙江和重庆两省（市）351 家样本家族企业的调查数据，探讨家族企业社会责任与企业绩效关系以及家族企业内部能力与外部关系的调节效应。

與上述目標相適應，本章後續部分的結構安排是：第二部分是理論分析與研究假設；第三部分是描述本章的樣本收集與研究方法；第四部分是討論經驗分析結果；第五部分是全章的總結與展望。

本研究的主要貢獻是：第一，首次對中國家族企業社會責任與企業績效關係展開跨地區的經驗研究，研究結論顯示出中國家族企業社會責任與企業績效關係比簡單的線性關係更複雜；第二，將家族企業社會責任與企業績效關係放入到企業內部能力、外部關係的視角進行分析，實證了家族企業的內部能力、外部關係在家族企業社會責任與企業績效之間起調節作用，表明中國家族企業社會責任與企業績效關係存在情境依賴性特徵。

5.2　理論分析與研究假設

目前學術界有關家族企業社會責任與企業績效關係的研究成果很少（Niebm, Swinney & Miller, 2008），以下幾個經驗研究則是在該領域的初步探索。Graafland（2002）發現，家族企業的長期附加值與企業社會責任顯著正相關。Niebm、Swinney和Miller（2008）在將農村社區小型家族企業社會責任界定為社區承諾、社區支持和社區意識三個維度的基礎上，指出社區承諾對家族企業主觀或感知的企業績效有顯著的正向影響，社區支持對家族企業客觀或財務績效有顯著的正向影響。O'Boyle、Matthew和Pollack（2010）揭示，家族企業的倫理焦點（ethical focus）對企業財務績效有顯著的正向影響。主要原因是：第一，家族企業社會責任行為有助於企業累積更多的社會資本（Besser & Miller, 2001；Dyer & Whetten, 2006），確保企業員工的穩定性，吸納高素質員工（Turban & Greening，1996），改進並促進與外部利益相關者的關係（Besser & Miller，2001）；第二，家族企業社會責任行為作為企業非自利動機及潛在管理團隊質量的信號顯示（Godfrey, Merrill & Hansen, 2009），能夠在利益相關者及社區產生積極的道德資本（Moral Capital），保護家族企業潛在的關係資產和收入流，避免源於企業營運風險所帶來的經濟價值損失（Dyer & Whetten, 2006；Godfrey, Merrill & Hansen, 2009）。但是，由於家族企業履行社會責任可能使企業的資源和管理能力遠離企業的核心業務領域（Friedman, 1970）並承擔額外的成本（Déniz & Suárez 2005），尤其是當家族企業分配資源在慈善事業、環境保護和社區發展等公共責任領域時，可能使企業相對於較少社會行為的企業來說處於一種相對劣勢。因此，家族企業社會責任對企業績效可能無影響甚至負向影響。

理性決策過程與企業績效關係存在情境依賴性特徵（Hambrick & Finkelstein's，1987）。如Hambrick和Finkelstein's（1987）指出，在高差異性環境中，管理決策和行為對組織績效有顯著的影響，但是在低差異性環境中，管理決策和行為對組織績效並沒有造成很大的差異。一些經驗研究揭示，不同環境下的企業社會責任對績效的影響明顯不同。如Goll和Rasheed（2004）發現，企業社會責任的績效結果在不同的外部環境變化很大，在高多樣性和動態性的外部環境中，企業社會責任對企業資產收益率（ROA）、銷售收益率（ROS）的影響更明顯；Kull和Rothenberg（2008）以公司三年期平均研發（R&D）費用支出作為創新能力的衡量指標發現，企業社會責任對企業資產收益率（ROA）的正向影響在低創新能力的企業更明顯。

本章認為，家族企業社會責任與企業績效關係可能比簡單的線性關係更複雜，二者之間的關係受到家族企業的內部能力和外部關係的調節。具體而言，家族企業的內部能力正向調節

內部人責任與企業績效關係，但負向調節外部人責任、公共責任與企業績效關係；家族企業的外部關係負向調節內部人責任與企業績效關係，但正向調節外部人責任、公共責任與企業績效關係。

5.2.1 內部能力的調節作用

在影響家族企業成長績效的內部因素中，製造能力、管理能力（李新春，2003）、創新能力（Kellermanns et al.，2010）等組織資源形成了家族企業的內部能力，成為構建家族企業競爭優勢以及促進家族企業成長的基礎。這些內部因素的作用機制主要體現在：第一，家族企業的管理能力與製造能力，是家族企業生存和發展的基本能力，直接影響家族企業的成長狀況和績效表現；第二，家族企業的創新能力，本質上是家族企業對外部知識、技能和信息等企業關鍵資源的獲取及創新能力，通過知識的吸收與創新，有利於產生導致企業競爭優勢的新知識和新技能，彌補家族企業在知識、技能和信息等方面嚴重缺乏的局限性。

資源依賴理論認為，具有豐富資源和能力的企業具有低水準的外部依賴（Prahalad & Hamel，1990）。這意味著，具有高內部能力的家族企業趨向於保持高水準的內部能力依賴（Park & Luo，2001），因此可能趨向於履行對內部利益相關者（如員工）的社會責任。家族企業履行對內部利益相關者的社會責任，能夠直接增強員工的士氣及對企業的承諾與忠誠，提高員工的勞動生產率，並吸引高素質新員工（Turban & Greening，1996），進而獲取更多異質性的知識、技能和信息等。因此，家族企業對內部利益相關者的社會責任與企業績效關係在具有高內部能力的家族企業可能更明顯；相反，具有低內部能力的家族企業往往是那些處於創業和成長初期的企業，內部資源極度匱乏，同時也缺少搜尋特定資源的能力，更可能選擇關

係或網絡導向的企業戰略（Park & Luo, 2001）。因此，外部關係網絡尤其是創業者個人關係網絡成為家族企業內部稀缺資源獲取的主要方式（Park & Luo, 2001；Hite, 2005）。儘管家族企業履行對外部利益相關者（如商業夥伴、社區）的社會責任勢必要投入大量的資源和能力（如管理能力），進一步惡化企業的資源和能力狀況，但家族企業社會責任行為作為一種差異化戰略和資源進入（Mackey, Mackey & Barney, 2007），有助於創業和成長初期的家族企業迅速獲取合法地位（Park & Luo, 2001）、開發並累積更多的社會資本如政府關係資本（Park & Luo, 2001），進而彌補初創期家族企業資源極度匱乏的局限性。這意味著，具有低內部能力的家族企業增強對外部利益相關者的社會責任對企業績效影響的積極效應可能超越其消極效應。對此提出如下假設：

H1a：家族企業的內部能力在內部人責任與企業績效之間起正向調節作用。

H1b：家族企業的內能能力在外部人責任、公共責任與企業績效之間起負向調節作用。

5.2.2 外部關係的調節作用

華人家族企業具有典型的「弱組織、強關係」特徵（Redding, 1991），而這種基於血緣、地緣、業緣等形成的企業網絡之所以強大，是因為它能夠提供成員企業所需要的各種顯性和隱性資源，包括信息、技術、人力、財務資本和管理技能等（Redding, 1991；Park & Luo, 2001）。外部關係網絡不僅是家族企業寶貴的資源與能力機制，同時也是家族企業減少行為和環境不確定性的有用手段（Chan, 2000），降低交易成本的重要機制（Hamilton, 1996）。網絡內部所蘊含的成員間相互信任、信息共享及關係承諾等機制，有助於降低成員企業決策時的不確定性，降低網絡構建、防範與協調等治理成本，

促進信息共享、知識轉移和知識創新（Coleman，1990）。

　　具有豐富外部關係網絡（如大範圍、密切性關係網絡）的家族企業可利用的外部關係資源較豐富，因此可能趨向於履行對外部利益相關者（如商業夥伴和社區）的社會責任。家族企業履行對外部利益相關者的社會責任，有助於企業建立良好的組織形象和聲譽（Besser & Miller，2001；Dyer & Whetten，2006），累積更多的社會資本（Park & Luo，2001），改進與外部利益相關者的關係（Besser & Miller，2001），獲得外部利益相關者更多的支持。如 Besser 和 Miller（2001）揭示，小型家族企業負責任的社會行為通過構建良好的組織形象，可獲得更多的客戶及更友好的銀行貸款條款，並提高了家族企業與供應商公平談判及合作夥伴聯合投資的可能性。因此，家族企業對外部利益相關者的社會責任與企業績效關係在具有豐富外部網絡關係的家族企業可能更明顯；相反，具有弱外部關係網絡（如小範圍、低密度關係網絡）的家族企業可利用的外部關係資源受到很大限制，而家族企業又不可能在短時期建立豐富的外部關係網絡，因為外部關係網絡的建立往往需要消耗企業大量的資源和能力。因此具有弱外部關係網絡的家族企業可能選擇增強對內部利益相關者的社會責任來提升企業績效水準。對此提出如下假設：

　　H2a：家族企業的外部關係在內部人責任與企業績效之間起負向調節作用。

　　H2b：家族企業的外部關係在外部人責任、公共責任與企業績效之間起正向調節作用。

5.3 研究方法

5.3.1 樣本與數據收集

本章所用數據主要來自2010年5~7月對浙江、重慶兩地家族企業的問卷調查。樣本與數據收集的具體情況見1.4.2。

5.3.2 變量選取與測量

（1）被解釋變量

被解釋變量為家族企業績效（FPER）。考慮財務數據獲取的困難性，本章選擇調查者對「銷售額增長、利潤增長、市場份額、員工士氣、顧客滿意度」五項指標的主觀評價，採用5-point Likert scale量表測量，範圍包括從1（減少很多或很低）到5（增加很多或很高）。探索性因子分析顯示：該量表的KMO為0.803，Bartlett球形檢驗值的顯著性水準為0.000，因子載荷最低為0.642，累計方差解釋能力為59.260%；信度檢驗顯示Cronbach α值為0.827。

（2）解釋變量

①家族企業社會責任（FSR）。家族企業社會責任的測量的具體情況見「2 中國家族企業社會責任的測量」相關內容。

②家族企業內部能力（ICAP）。借鑑Zahra和George（2002）等的成果，採用5-point Liketer scale量表測量，取值範圍從1（非常低）到5（極高）。具體測量條款包括：第一，企業生產設備的先進性；第二，企業技術人員的穩定性；第三，企業產品質量的控制能力；第四，企業對生產工藝或產品設計進行局部調整的能力；第五，企業識別並獲取新技術和信息的能力；第六，企業理解並準確把握已獲得的新技術和信息

的能力；第七，企業對引進的新技術和信息進行局部調整和使用的能力；第八，企業將新技術和信息用於新產品開發、工藝創新或行銷策略調整的能力。探索性因子分析產生了兩個明顯的內部能力維度，即製造能力（MCAP）和吸收能力（ACAP）；該量表的 KMO 為 0.873，Bartlett 球形檢驗值的顯著性水準為 0.000，因子載荷最低為 0.623，累計方差解釋能力為 63.321%，總量表及各子維度的 Cronbach α 值最低為 0.758。

③家族企業外部關係（EG）。借鑑 Marsden（1990）等的成果，選擇關係密度、關係範圍來測量。其中：

第一，關係密度（GD）。具體的測量條款包括：「貴企業的合作夥伴之間存在很多直接聯繫、貴企業的合作夥伴之間主要通過貴企業建立聯繫」，採用 5 - point Likert scale 量表測量，範圍從 1（很不同意）到 5（非常同意）。探索性因子分析顯示，該量表的 KMO 為 0.500，Bartlett 球形檢驗值的顯著性水準為 0.000，因子載荷最低為 0.851，累計方差解釋能力為 72.443%，Cronbach α 值為 0.615，信度和效度基本可以接受。

第二，關係範圍（GS）。用家族企業與其他企業和機構的直接關係類型數量來測量，家族企業與其他企業（包括主要供應商、客戶/代理商/銷售商、同行競爭者）的關係包括 16 種關係類型①，取值範圍為［0，16］，家族企業與其他機構（包括主要金融機構、政府主管部門、高校/科研院所/諮詢機構）的關係包括 8 種關係類型②，取值範圍為［0，8］。

---

① 16 種關係類型包括：業務外包、接受訂單、貼牌生產、合作開發、技術轉讓（協議）、合資建立新企業、特許經營、聯合經營、股權聯盟、購買/提供原材料、購買/提供機器設備、購買/提供零部件、資金借貸、投資理財、管理諮詢和其他。

② 8 種關係類型包括：管理諮詢、技術諮詢、委託產品開發、邀請參加會議、聘請當企業顧問、資金借貸、投資理財和其他。

(3) 控制變量

為了更準確地分析家族企業社會責任與企業績效關係，本章控制了以下變量的影響：

①產業屬性。以製造業作為研究樣本以控制產業屬性的影響。

②地理區域（LOCA）。用虛擬變量來測量，並將浙江企業賦值為1，重慶企業賦值為0。

③企業壽命（AGE）。用企業成立時間到2009年的時間長度（單位：年）的自然對數來測量。

④企業規模（SIZE）。用2009年年底企業資產總額（單位：萬元）的自然對數來測量。

⑤家族所有權（FO）。用家族持有的股份占企業股份總數的比重來測量。

⑥家族管理權（FM）。用總經理是否由企業主本人或家人擔任來測量，並將總經理由企業主本人或家人擔任的企業賦值為1，其餘賦值為0。

5.4 實證分析與結果

5.4.1 描述性統計分析及相關分析

表5.1揭示了各變量的描述性統計分析及Pearson相關分析結果。總體上看，樣本家族企業對外部人責任表現最好（均值為3.88），其次是公共責任（均值為3.77），對內部人責任表現最差（均值為3.72）。配對樣本的T檢驗顯示，家族企業的外部人責任與內部人責任和公共責任之間的差異性在1%的顯著性水準下是統計顯著的。該結論在一定程度上實證了華人家族企業的「弱組織、強關係」網絡特徵，即華人家

表 5.1 描述性統計分析與相關係數

變量	均值	標準差	1	2	3	4	5	6	7	8	9	10	11	12	13
1. FPER	3.52	0.52	1												
2. ICSR	3.72	0.58	0.173**	1											
3. OCSR	3.88	0.65	0.126*	0.634**	1										
4. PCSR	3.77	0.72	0.071	0.658**	0.635**	1									
5. MCAP	3.57	0.65	0.245**	0.578**	0.398**	0.383**	1								
6. ACAP	3.67	0.72	0.194**	0.613**	0.385**	0.451**	0.595**	1							
7. DN	3.53	0.80	0.158**	0.189**	0.246**	0.217**	0.255**	0.274**	1						
8. DR	10.01	3.13	0.176**	0.033	0.044	0.152*	0.099	0.096	0.035	1					
9. LOCA	0.51	0.50	0.051	−0.133*	−0.294**	−0.083	−0.061	−0.013	−0.072	0.177**	1				
10. AGE	2.05	0.63	0.024	−0.072	−0.004	−0.024	0.027	0.020	0.068	0.134*	0.092	1			
11. SIZE	7.01	1.71	0.306**	0.102	0.089	0.082	0.158**	0.088	0.043	0.202**	0.119*	0.281**	1		
12. FO	91.95	14.01	−0.121*	0.108	0.113*	0.047	0.077	0.042	−0.003	−0.179**	−0.187**	0.001	−0.256**	1	
13. FM	0.79	0.41	−0.069	−0.077	0.116*	0.029	0.044	−0.138*	−0.092	−0.010	0.022	0.085	−0.027	−0.028	1

註：* $p < 0.05$，** $p < 0.01$；雙側檢驗

族企業趨向於利用與其他企業和機構之間的外部關係網絡來彌補組織自身的弱軟與不足（Redding，1991）；相關分析顯示，家族企業的內部人責任、外部人責任、製造能力、吸收能力、關係密度、關係範圍、企業規模、家族所有權與家族企業績效之間存在顯著的相關關係。

5.4.2 假設檢驗

本研究主要利用層級迴歸分析方法以檢驗理論假設。使用家族企業社會責任與內部能力、外部關係的交互項來檢驗內部能力、外部關係的調節效應。為了確保不存在多重共線性問題，對所有交互項測量項進行了中心化處理。檢驗結果見表5.2，其中 Model 1－2 檢驗家族企業三個社會責任維度的主效應，Model 3－6 檢驗家族企業內部能力和外部關係的調節效應。

Model 1－2 揭示，家族企業的內部人責任、外部人責任和公共責任對企業績效均無顯著的影響。

Model 3－4 揭示，當家族企業社會責任與內部能力的交互項進入模型時，家族企業的內部人責任與製造能力的交互項（ICSR × MCAP）、內部人責任與吸收能力的交互項（ICSR × ACAP）對企業績效有顯著的正向影響（$\beta = 0.326$，$p < 0.01$；$\beta = 0.397$，$p < 0.01$），家族企業的公共責任與吸收能力的交互項（PCSR × ACAP）對企業績效有顯著的負向影響（$\beta = -0.163$，$p < 0.01$），假設 H1a 得到驗證，假設 H1b 得到部分驗證。這表明，在具有高內部能力（製造能力、吸收能力）的家族企業中，內部人責任對企業績效的影響更大；在具有高吸收能力的家族企業中，公共責任對企業績效的影響更小。

Model 5－6 揭示，當家族企業社會責任與外部關係的交互項進入模型時，家族企業的外部人責任與關係密度的交互項

(OCSR×GD)、外部人責任與關係範圍的交互項（OCSR×GS）對企業績效有顯著的正向影響（$\beta = 0.115$，$p < 0.10$；$\beta = 0.052$，$p < 0.05$），假設 H2b 得到部分驗證，這表明，在具有高密度、大範圍關係網絡的家族企業中，外部人責任對企業績效的影響更大。此外，吸收能力、關係密度、關係範圍及企業規模對家族企業績效均有顯著的正向影響。

按照內部能力、外部關係的均值把樣本家族企業進一步劃分為高低兩個子樣本，以檢驗各子樣本家族企業社會責任與企業績效關係。由表5.3和表5.4知：

在具有高製造能力的家族企業中，內部人責任對企業績效有顯著的正向影響（$\beta = 0.285$，$p < 0.01$），公共責任對企業績效有顯著的負向影響（$\beta = -0.165$，$p < 0.05$）；在具有高吸收能力的家族企業中，內部人責任對企業績效有顯著的正向影響（$\beta = 0.241$，$p < 0.05$），公共責任對企業績效有顯著的負向影響（$\beta = -0.178$，$p < 0.05$）。在具有低吸收能力的家族企業中，內部人責任對企業績效有顯著的負向影響（$\beta = -0.184$，$p < 0.10$）。此外，在具有高製造能力的家族企業中，家族所有權對企業績效有顯著的負向影響；在具有低製造能力的家族企業中，家族管理權對企業績效有顯著的負向影響；在具有高吸收能力的家族企業中，家族所有權與管理權對企業績效有顯著的負向影響。這說明在具有高內部能力的家族企業中，家族所有權與管理權對企業績效有不利影響。在具有低密度關係網絡的家族企業中，內部人責任對企業績效有顯著的正向影響（$\beta = 0.131$，$p < 0.10$），公共責任對企業績效有顯著的負向影響（$\beta = -0.108$，$p < 0.10$）；在具有大範圍關係網絡的家族企業中，公共責任對企業績效有顯著的負向影響（$\beta = -0.147$，$p < 0.10$）。此外，在具有高密度關係網絡的家族企業中，家族管理權對企業績效有顯著的負向影響。

表 5.2 家族企業社會責任對企業績效影響的 OLS 分析結果

	Model-1	Model-2	Model-3	Model-4	Model-5	Model-6
CONSTATN	2.972*** (0.314)	2.656*** (0.345)	2.612*** (0.341)	2.561*** (0.343)	2.588*** (0.344)	2.570*** (0.345)
LOCA	-0.014 (0.060)	-0.053 (0.065)	-0.017 (0.065)	-0.004 (0.065)	-0.036 (0.065)	-0.041 (0.067)
AGE	-0.028 (0.047)	-0.042 (0.048)	-0.045 (0.047)	-0.047 (0.047)	-0.058 (0.048)	-0.039 (0.048)
SIZE	0.087*** (0.019)	0.066*** (0.020)	0.070*** (0.020)	0.065*** (0.020)	0.071*** (0.020)	0.070*** (0.020)
FO	-0.002 (0.002)	-0.002 (0.002)	-0.002 (0.002)	-0.002 (0.002)	-0.002 (0.002)	-0.001 (0.002)
FM	-0.149** (0.070)	-0.052 (0.075)	-0.067 (0.073)	-0.070 (0.073)	-0.060 (0.075)	-0.047 (0.075)
ICSR	0.084 (0.069)	0.031 (0.083)	0.029 (0.082)	0.019 (0.082)	-0.003 (0.084)	0.001 (0.085)
OCSR	0.043 (0.064)	-0.010 (0.076)	0.014 (0.079)	0.029 (0.075)	0.022 (0.088)	0.047 (0.081)
PCSR	-0.045 (0.055)	-0.069 (0.057)	-0.071 (0.060)	-0.088 (0.056)	-0.069 (0.064)	-0.098 (0.061)
MCAP		0.010 (0.063)	-0.042 (0.063)	0.022 (0.062)	-0.015 (0.063)	0.011 (0.064)
ACAP		0.098* (0.059)	0.133** (0.059)	0.103* (0.058)	0.140** (0.061)	0.094 (0.059)
GD		0.082** (0.041)	0.087** (0.040)	0.087** (0.040)	0.080* (0.043)	0.094** (0.041)
GS		0.023** (0.010)	0.016 (0.010)	0.018* (0.010)	0.022** (0.010)	0.022** (0.010)
ICSR × MCAP			0.326*** (0.098)			
OCSR × MCAP			-0.043 (0.090)			
PCSR × MCAP			-0.074 (0.078)			
ICSR × ACAP				0.397*** (0.109)		
OCSR × ACAP				-0.006 (0.086)		

5 家族企業社會責任與企業績效：內部能力與外部關係的調節效應

表5.2(續)

	Model-1	Model-2	Model-3	Model-4	Model-5	Model-6
PCSR × ACAP				-0.163*** (0.060)		
ICSR × GD					-0.135 (0.094)	
OCSR × GD					0.115* (0.065)	
PCSR × GD					0.111 (0.072)	
ICSR × GS						-0.037 (0.026)
OCSR × GS						0.052** (0.026)
PCSR × GS						-0.010 (0.020)
Adjusted R^2	0.099	0.110	0.156	0.166	0.133	0.114
R^2 change			0.054	0.064	0.033	0.014
F-value	4.959***	3.543***	4.053***	4.293***	3.544***	3.121***
N	288	249	249	249	249	249

註：迴歸係數是非標準化係數，括號內的數字為標準差；

*、** 和 *** 分別表示 t 檢驗值在 10%、5% 和 1% 的水準上是顯著的。

表5.3 子樣本家族企業社會責任對企業績效影響的 OLS 分析結果(一)

	製造能力(MCAP)		吸收能力(ACAP)	
	High	Low	High	Low
CONSTANT	3.238*** (0.509)	3.159*** (0.441)	3.651*** (0.480)	3.007*** (0.449)
LOCA	-0.189** (0.077)	0.137 (0.086)	-0.140* (0.077)	0.083 (0.088)
AGE	-0.055 (0.061)	0.021 (0.066)	-0.104 (0.064)	0.009 (0.063)
SIZE	0.063** (0.025)	0.075*** (0.027)	0.062*** (0.024)	0.098*** (0.028)

表5.3(續)

	製造能力(MCAP)		吸收能力(ACAP)	
	High	Low	High	Low
FO	-0.006** (0.003)	0.001 (0.003)	-0.006** (0.003)	0.003 (0.003)
FM	-0.118 (0.093)	-0.191* (0.098)	-0.264*** (0.085)	-0.061 (0.115)
ICSR	0.285*** (0.096)	-0.153 (0.104)	0.241** (0.095)	-0.184* (0.109)
OCSR	0.071 (0.074)	-0.043 (0.107)	0.092 (0.073)	-0.099 (0.112)
PCSR	-0.165** (0.068)	0.108 (0.088)	-0.178** (0.068)	0.131 (0.086)
R^2 adj.	0.210	0.084	0.194	0.089
F	5.463***	2.735***	5.362***	2.667**
N	135	152	146	137

註：迴歸系數是非標準化系數，括號內的數字為標準差；

*、** 和 *** 分別表示 t 檢驗值在 10%、5% 和 1% 的水準上是顯著的。

表5.4 子樣本家族企業社會責任對企業績效影響的 OLS 分析結果(二)

	關係密度 (GD)		關係範圍 (GS)	
	High	Low	High	Low
CONSTANT	3.470*** (0.717)	2.770*** (0.347)	3.570*** (0.462)	2.614*** (0.507)
LOCA	-0.103 (0.130)	0.061 (0.065)	-0.122 (0.094)	0.042 (0.108)
AGE	-0.001 (0.096)	-0.058 (0.052)	-0.056 (0.064)	0.010 (0.080)
SIZE	0.034 (0.040)	0.106*** (0.021)	0.081*** (0.028)	0.074** (0.030)
FO	-0.007 (0.004)	0.001 (0.002)	-0.004 (0.003)	0.001 (0.004)

表5.4(續)

	關係密度（GD）		關係範圍（GS）	
	High	Low	High	Low
FM	-0.264* (0.139)	-0.126 (0.083)	-0.070 (0.102)	-0.136 (0.119)
ICSR	-0.096 (0.155)	0.131* (0.076)	0.096 (0.099)	0.100 (0.116)
OCSR	0.221 (0.177)	-0.006 (0.063)	0.069 (0.117)	-0.025 (0.107)
PCSR	0.064 (0.138)	-0.108* (0.057)	-0.147* (0.088)	0.012 (0.088)
R^2 adj.	0.083	0.132	0.084	0.039
F	2.081**	4.454***	2.606**	1.563
N	97	182	142	111

註：迴歸系數是非標準化系數，括號內的數字為標準差；

*、** 和 *** 分別表示 t 檢驗值在 10%、5% 和 1% 的水準上是顯著的。

5.5 結論與啟示

5.5.1 研究結論

儘管學術界已累積較多有關公司社會責任與企業績效關係的研究成果，但家族企業領域的相關研究成果很少（Niebm, Swinney & Miller, 2008），而針對中國不同地區較大樣本家族企業社會責任與企業績效關係的經驗研究成果（尤其是計量分析研究成果）更是空白。本章在將中國家族企業社會責任區分為內部人責任、外部人責任和公共責任的基礎上，利用浙江和重慶兩地 351 家製造業樣本家族企業的調查數據，實證檢驗了家族企業社會責任與企業績效關係，以及內部能力、外部

關係的調節效應。主要結論如下：

第一，家族企業社會責任與企業績效關係受到企業內部能力、外部關係的調節。在具有高內部能力（製造能力、吸收能力）的家族企業中，內部人責任對企業績效的影響更大；在具有高吸收能力的家族企業中，公共責任對企業績效的影響更小；在具有豐富外部關係網絡（高密度、大範圍關係網絡）的家族企業中，外部人責任對企業績效的影響更大。

第二，分類檢驗顯示，在具有高製造能力的家族企業中，內部人責任對企業績效有顯著的正向影響，公共責任對企業績效有顯著的負向影響；在具有高吸收能力的家族企業中，內部人責任對企業績效有顯著的正向影響，公共責任對企業績效有顯著的負向影響。在具有低吸收能力的家族企業中，內部人責任對企業績效有顯著的負向影響；在具有低密度關係網絡的家族企業中，內部人責任對企業績效有顯著的正向影響，公共責任對企業績效有顯著的負向影響；在具有大範圍關係網絡的家族企業中，公共責任對企業績效有顯著的負向影響。

5.5.2 研究的理論意義與實踐意義

（1）理論意義

本研究的理論意義集中體現在以下四個方面：

第一，構建並量化了適合中國家族企業社會責任實踐的基本維度與內容及測評指標體系。前期研究集中於國有企業和民營企業社會責任的量化（徐尚昆、楊汝岱，2007；姜萬軍、楊東寧、周長輝，2006），缺少針對中國家族企業社會責任實踐的相關研究成果。

第二，將家族企業社會責任與企業績效關係放入到企業的內部能力、外部關係的角度進行分析，實證了家族企業的內部能力、外部關係在家族企業社會責任與企業績效之間起調節作用，表明家族企業社會責任與企業績效關係存在情境依賴性特

徵。前期研究側重於討論家族企業社會責任與企業績效之間的直接關係（Niebm, Swinney & Miller, 2008; O'Boyle、Matthew & Pollack, 2010）），缺少二者之間的間接關係的經驗研究成果。

第三，考慮了兩個差異化的內部能力（製造能力和吸收能力）、兩個差異化的外部關係（關係密度和關係範圍）以及三個差異化的社會責任（內部人責任、外部人責任和公共責任），對家族企業的內部能力、外部關係在企業社會責任與績效關係中的調節效應有了更深入的認識。

第四，深化了對家族企業內部能力、外部關係與企業績效關係問題的理解。前期有關家族企業外部關係與企業績效關係的研究成果，側重於家族企業外部關係網絡對企業績效的直接影響或通過網絡競爭優勢所產生的間接影響（Redding, 1991; 周立新, 2009），有關家族企業內部能力與企業績效關係的研究側重於二者間直接關係的探討（李新春, 2003）。本研究表明，家族企業的外部關係、內部能力也可以通過調節影響企業績效的其他變量以影響企業績效水準，這是對現有研究的一個重要推進。

（2）實踐意義

本研究揭示，家族企業社會責任與企業績效關係之間存在情境依賴性特徵，增強企業社會責任是提升家族企業成長績效的有效手段，但不同類型的家族企業（如不同內部能力、外部關係的家族企業）增強社會責任的手段不同。具體而言：

第一，對於具有低吸收能力的家族企業，可以選擇對社區、環境、政府等公共領域的社會責任行為使其差異化，進而提升企業績效水準。

第二，對於具有高製造能力和吸收能力的家族企業，可以通過增強對企業員工等內部利益相關者的責任以提高員工的忠誠性承諾和勞動生產率等，進而提升企業績效水準。

第三，對於具有高密度、大範圍關係網絡的家族企業，可以通過增強對商業夥伴等外部利益相關者的責任以改進和促進與外部利益相關者的關係，進而提升企業績效水準。

第四，對於具有低密度關係網絡的家族企業，可以通過增強對企業員工等內部人的責任以提升企業績效水準。

5.5.3 局限性及有待進一步深入研究的問題

當然，受研究環境和研究者能力限制，本研究存在一定的局限性。具體體現在：

第一，有關家族企業社會責任僅從內部人責任、外部人責任及公共責任三個方面進行測量，沒有針對不同的利益相關者（如員工、投資者、供應商、消費者、債權人、社區、環境、政府等）進行區分。

第二，有關家族企業內部能力的測量，僅僅限於製造能力和吸收能力，沒有考慮家族企業管理能力尤其是團隊管理能力，事實上管理能力的差異性是現階段中國家族企業內部能力差異性的重要表現（李新春，2003）。

第三，有關家族企業外部關係的測量，僅限於關係類型和關係密切程度，沒有考慮關係強度、關係持久度和開放度等內容。

第四，有關家族企業績效指標的測量採用主觀測量的方法。

第五，沒有對家族企業情況進行追蹤研究，所以不能實行時間序列的分析，而跨時期的分析研究對於深入揭示家族企業社會責任問題具有特別重要的意義。

因此，未來的研究有待於圍繞以上問題與不足進行進一步的分析研究。

6

家族企業社會責任與員工組織認同：家族所有權與家族承諾的影響

6.1 引言

家族企業是家族涉入企業所形成的複雜系統，家族作為獨特的社會組織在企業組織中的嵌入及企業主要的最終控制人，對家族企業社會責任及員工組織認同可能有重要的影響（Déniz & Suárez, 2005; Dyer & Wheteen, 2006；Bingham et al., 2011; Vallejo & Langa, 2010）。尤其是對於華人家族企業而言，華人家族企業所有者及家族通常掌握大部分的企業所有權，因而更加關心組織形象和聲譽，可能顯示出較高水準的社會責任行為（Déniz & Suárez, 2005; Dyer & Wheteen, 2006）；同時，由於華人文化強調家族的權威性（Redding, 1991），組織認同的焦點常集中在家族或家庭團體（楊國樞, 1993），所有者家族對家族企業員工組織認同的影響可能更明顯。

家族所有權作為家族涉入企業的重要維度變量（Astrachan, Klein & Smyrnios, 2002），本質上反應的是所有者家族對企業物質資本的財產所有權。華人家族企業的典型特徵是所有者家族控制大部分的企業所有權。權力向家族中的一人或整

個家族集中，增大了所有者家族控制企業營運和戰略選擇的可能性，同時也促進了所有者家族對企業的多代涉入和參與。家族影響企業（或企業家族性特徵）的另一重要方面是，所有者家族成員對組織目標與任務的支持及情感依附，即家族承諾（Astrachan, Klein & Smyrnios, 2002）。當家族成員支持組織目標與任務、願意為企業做出貢獻並渴望成為企業的一部分時，這是家族成員對企業「強承諾」的重要體現（Zahra et al,, 2008）。

轉型經濟背景和儒家文化傳統下的中國家族企業員工組織認同是否會顯著地受到家族所有權和家族承諾等家族涉入因素的影響？家族企業社會責任與家族所有權和家族承諾之間的基本關係是什麼？此外，前期研究揭示，企業社會責任作為一種差異化戰略和戰略資源（Mackey, Mackey & Barney, 2007），有助於增強企業員工的組織認同（Berger, Cunningham & Drumwright, 2006；Rodrigo & Arenas, 2008；Kim et al., 2010）。那麼，中國家族企業社會責任對員工組織認同是否也存在積極的促進作用？前期文獻缺少有關家族所有權、家族承諾與中國家族企業員工組織認同、家族企業社會責任關係的經驗研究成果，而有關中國家族企業社會責任與員工組織認同關係的經驗研究成果更是空白。

對此，本章利用浙江和重慶兩省（市）351家樣本家族企業的調查數據，探討家族企業社會責任與員工組織認同關係以及家族所有權與家族承諾的影響。

與上述目標相適應，本章後續部分的結構安排是：第二部分是理論分析與研究假設；第三部分是描述本章的樣本收集與研究方法；第四部分是討論經驗分析結果；第五部分是全章的總結與展望。

本研究的主要貢獻是：第一，首次對中國家族企業社會責任與員工組織認同關係展開跨地區的經驗研究，研究結果顯示

出家族企業社會責任對員工組織認同有積極的影響；第二，將家族所有權、家族承諾與家族企業員工組織認同關係放入到企業社會責任的視角進行分析，實證了家族承諾有助於增強家族企業員工的組織認同，家族企業社會責任在家族承諾與員工組織認同之間起部分仲介作用；第三，探討了家族所有權、家族承諾對中國家族企業社會責任的影響，研究結論表明中國家族企業社會責任行為表現總體上好於非家族企業。

6.2 理論分析與研究假設

6.2.1 家族所有權、家族承諾與家族企業社會責任

關於家族所有權與家族企業社會責任關係，一種主導的觀點認為二者之間顯著正相關（Déniz & Suárez, 2005；Dyer & Whetten, 2006；Bingham et al., 2011）。第一，所有權本質上反應的是所有者對物質資本的財產所有權，當家族對企業所有權的控制越大時，任何有損企業形象和聲譽的行為可能導致所有者家族的物質資本的損失就越大。因此，所有者家族更加關心組織形象和聲譽，更可能分配資源於社會責任領域以建立和保持良好的組織形象和聲譽（Dyer & Wheteen, 2006）。第二，家族企業趨向於採用關係取向和集體主義認同取向對待利益相關者，發展與利益相關者的強關係，並把與利益相關者的關係看做是高度依賴的，顯示出較負責任的社會行為（Bingham et al., 2011）；第三，家族企業社會責任行為作為企業非自利動機及潛在管理團隊質量的信號顯示，能夠在利益相關者產生積極的道德資本（Positive Moral Capital），保護家族企業潛在的關係資產和收入流（Dyer & Whetten, 2006；Godfrey, Merrill & Hansen, 2009）。但也有少數學者認為，所有者家族渴望保護

自己狹隘的利益而較少關注利益相關者的利益（Morck & Yeung, 2004），而家族大股東也可能通過「隧道行為」對中小股東利益進行剝奪（Li & Zhang, 2010），顯示出不負責的社會行為。本章認為，受儒家文化及企業自身規模和能力等因素的影響，家族所有權對中國家族企業社會責任的積極影響可能更明顯。

　　Beal 等（2003）、Lee（2006）指出，當家族成員分享共同的目標、作為一個統一的群體發揮作用、支持組織目標、努力工作以完成組織任務時，家族所有權對組織過程和結果的影響更明顯。本章認為，家族所有權對家族企業社會責任的影響受家族承諾的影響，在家族「強承諾」的家族企業中，家族所有權對家族企業社會責任的影響更大。第一，家族成員對企業的「強承諾」，降低了所有者家族成員之間、家族與企業之間的利益衝突和代理成本（Kellermanns et al., 2010），從而家族企業顯示出負責任的社會行為；第二，家族成員對企業的「強承諾」，意味著家族成員具有較強烈的共享所有權和群體認同意識，能夠使家族企業獲得免費勞動力、貨幣貸款和股權投資等「持續性資本」（Sirmon & Hitt, 2003），增強家族企業應對內外部環境機會與威脅的戰略靈活性（Zahra et al., 2008），為家族企業（主）履行社會責任提供了更大的幫助和更靈活的支持。相反，一個缺少溝通、協作和支持的家族企業，履行社會責任可能得不到必要的支持，從而顯示出較低的社會責任行為。對此提出如下假設：

　　H1a：家族所有權對家族企業社會責任有顯著的正向影響。

　　H1b：家族承諾在家族所有權與家族企業社會責任之間起正向調節作用。

6.2.2　家族所有權、家族承諾與家族企業員工組織認同

　　組織認同（Organizational Identification）是個體根據某一

特定的組織成員身分對自我進行定義的一種狀態，或是一種歸屬於群體的知覺（Ashforth & Mael, 1989）。家族所有權對家族企業員工組織認同可能有積極的影響。第一，家族所有權能夠強化所有者家族的權威性及家族文化價值觀對員工的影響。與非家族企業相比，家族企業員工對企業文化價值觀的認同度更大（Moscetello, 1990；Adams, Tashchian & Shore, 1996），而家族企業文化價值觀主要體現為家族企業主或所有者家族的文化價值觀；第二，家族企業趨向於集體認同取向對待利益相關者（Bingham et al., 2011），因此所有者家族與非家族員工間的關係通常被看做是管家關係而非委託代理關係（Davis, Schoorman & Donaldson, 1997；Vallejo, 2009），其基本特徵是員工高水準的組織認同和承諾（Davis, Schoorman & Donaldson, 1997）；第三，根據道德經濟理論的解釋，家族企業中雇主與雇員之間存在非經濟的或道德的聯繫（Vallejo & Langa, 2010），表現出一定的互惠和個人識別（Personal Recognition）邏輯。Ran 和 Holliday（1993）指出，家族企業管理風格通常表現為「協商式家長制」（Negotiated Paternalism），此管理模式下的家族企業主追求自我目標與員工目標上的更大認同（Scase & Goffe, 1980）。Vallejo 和 Langa（2010）的實證研究揭示，家族企業員工表現出較高的組織認同、忠誠與承諾。

　　家族承諾作為家族企業一種獨特的資源或能力（Sirmon & Hitt, 2003），對家族企業員工組織認同有積極的促進作用。第一，由於社會網絡的傳染性（Barsade, 2002），家族成員對企業的「強承諾」能夠在家族企業員工之間產生相似的和積極的反應，增強家族企業員工的責任意識、組織認同與承諾（Zahra et al., 2008）；第二，家族成員對企業的「強承諾」，要求個人利益要服從企業利益，鼓勵家族成員彼此幫助以完成企業目標，降低了家族成員之間、家族與企業之間的利益衝突和矛盾（Kellermanns et al., 2010），有利於家族企業形成積極

的組織文化，增強家族企業內非家族員工的公平感與組織認同。對此提出如下假設：

H2a：家族所有權對家族企業員工組織認同有顯著的正向影響。

H2b：家族承諾對家族企業員工組織認同有顯著的正向影響。

6.2.3　家族企業社會責任與員工組織認同

關於企業社會責任與員工組織認同關係，一種主導的觀點認為二者之間顯著正相關（Berger, Cunningham & Drumwright, 2006；Rodrigo & Arenas, 2008；Kim et al., 2010）。第一，企業內部社會責任活動，直接涉及員工的物質與心理工作環境、員工福利和企業倫理，如職業機會、工作場所中的非歧視性政策、內部教育、職業培訓等，有助於增強員工的組織認同與承諾（Turker, 2009）。第二，企業外部社會責任活動，如企業向消費者、銷售商等外部利益相關者提供高質量的產品和準確的信息，以及對各類慈善捐贈活動的參與和對環境的保護活動，有助於企業構建積極的組織形象和聲譽（Dyer & Whetten, 2006），員工通過對組織的外部聲譽感知，增強了其在組織內工作的自豪感和組織認同（Dutton, Dukerich & Harquail, 1994）。第三，員工參與企業社會責任活動，將體驗到更高的士氣（Lewin, 1991）、自尊（Pancer, Baetz & Rog, 2002）和分享組織價值觀（Peterson, 2004），增強員工與企業的心理所有權和情感聯繫（Berger, Cunningham & Drumwright, 2006），當個體對組織產生心理所有權時，個體傾向於把自我和組織聯繫在一起，佔有感會增強個體的自我身分認知，歸屬組織的願望就會強烈，產生較強的組織認同。如 Rodrigo 和 Arenas（2008）的研究揭示，企業社會責任計劃的實施使員工產生四類不同的態度，即組織新角色的接受、組織認同、執行工作重

要性的認識及社會公德意識；Kim 等（2010）發現，員工參與企業社會責任活動直接增強了員工的組織認同，而員工感知到的企業社會責任通過外部聲譽感知（Perceived External Prestige）的仲介作用間接促進了員工的組織認同。

家族企業趨向於採用關係取向和集體主義認同取向（Bingham et al., 2011），而華人集體主義或關係集體主義文化特徵（Herrmann‑Pillath, 2009）使華人家族企業員工更加關心組織形象和聲譽，這意味著華人家族企業員工組織認同與組織形象和聲譽之間的關係可能更強烈（Turker, 2009），而履行社會責任則是家族企業構建積極組織形象和聲譽的重要手段（Dye & Whetten, 2006）。對此提出如下假設：

H3a：家族企業社會責任對員工組織認同有顯著的正向影響。

H3b：家族企業社會責任在家族所有權、家族承諾與員工組織認同之間起部分仲介作用。

6.3　研究方法

6.3.1　樣本與數據收集

本章所用數據主要來自 2010 年 5~7 月對浙江、重慶兩地家族企業的問卷調查。樣本與數據收集的具體情況見 1.4.2。

6.3.2　變量選取與測量

（1）被解釋變量

被解釋變量為員工組織認同（EI）的測量。借鑑 Cheney（1983）等的研究成果並結合半結構訪談，形成了本章有關家族企業員工組織認同的測量量表，具體測量條款包括：第一，

當別人贊揚本企業時，就像贊揚我自己；第二，對別人如何看待本企業很感興趣；第三，我目前的工作能發揮我的特長；第四，在本企業能找到家一般的溫暖；第五，相信本企業有良好的成長/發展前景。採用5-point Liketer scale 量表測量，取值範圍從1（很不同意）到5（非常同意）。探索性因子分析顯示，該量表的 KMO 為 0.755，Bartlett 球形檢驗值的顯著性水準為 0.000，因子載荷最低為 0.676，累計方差解釋能力為 48.014%，信度檢驗顯示該量表的 Cronbach α 值 0.727。

（2）解釋變量

①家族企業社會責任（CSR）。家族企業社會責任的測量的具體情況見「2 中國家族企業社會責任的測量」相關內容。

②家族所有權（FO）。用「家族持有的股份占企業股份總數的比重」來測量。

③家族承諾（FC）。借鑑 Astrachan、Klein 和 Smyrnios （2002）的研究成果，形成了本書有關家族承諾的測量量表。具體測量條款包括：第一，家族成員很願意在家族企業工作；第二，家族成員關心企業的前途和命運；第三，家族成員以自己是企業的一部分而感到自豪；第四，家族成員理解並支持企業長期發展的決策；第五，家族成員對企業的目標、計劃和政策能達到一致；第六，家族成員願意付出超過正常預期的努力來確保企業的成功。採用5-point Liketer scale 量表測量，取值範圍從1（很不同意）到5（非常同意）。探索性因子分析顯示：該量表的 KMO 為 0.837；Bartlett 球形檢驗值的顯著性水準為 0.000，因子載荷最低為 0.536，累計方差解釋能力為 50.944%；信度檢驗顯示該量表的 Cronbach α 值為 0.803。

（3）控制變量

為了更準確地分析家族企業社會責任與員工組織認同關係以及家族所有權和家族承諾的影響，本章控制了以下變量的

影響：

①產業屬性。以製造業作為研究樣本以控制產業屬性的影響。

②地理區域（LOCA）。用虛擬變量來測量，並將浙江企業賦值為1，重慶企業賦值為0。

③企業規模（SIZE）。用2009年年底企業資產總額（單位：萬元）的自然對數來測量。

④企業財務績效水準（SG）。以企業近三年的年均銷售增長率來測量。

⑤企業主年齡（BAGE）。將企業主年齡在35歲以下、36～45歲、46～55歲、56歲以上的分別用數字1～4來表示。

⑥企業主行業工作經驗（BEXP）。將企業主行業工作經驗在3年以下、4～8年、9～14年、15年以上的分別用數字1～4來表示。

6.4 實證分析與結果

6.4.1 描述性統計分析及相關分析

表6.1揭示了各變量的描述性統計分析及相關分析結果。總體上看，樣本家族企業對外部人責任表現最好（均值為3.875），其次是公共責任（均值為3.771），對內部人責任表現最差（均值為3.718）。配對樣本的T檢驗顯示（表略），家族企業外部人責任、公共責任與內部人責任之間的差異性是統計顯著的。該結論在一定程度上實證了華人家族企業的「弱組織、強關係」特徵（Redding，1991）。相關分析顯示，家族企業員工組織認同與家族承諾、內部人責任、外部人責任、公

表 6.1 描述性統計分析與相關係數

變量	均值	標準差	1	2	3	4	5	6	7	8	9	10	11
1. EOI	3.773	0.615	1										
2. FO	0.920	0.140	0.054	1									
3. FC	3.568	0.673	0.348**	0.056	1								
4. ICSR	3.718	0.580	0.543**	0.108	0.312**	1							
5. OCSR	3.875	0.646	0.430**	0.113*	0.195**	0.634**	1						
6. PCSR	3.771	0.718	0.490**	0.047	0.247**	0.658**	0.635**	1					
7. LOCA	0.507	0.501	−0.025	−0.187**	0.154**	−0.133*	−0.294**	−0.083	1				
8. SIZE	7.014	1.706	0.182**	−0.256**	0.131*	0.102	0.089	0.082	0.119*	1			
9. SG	0.168	0.171	0.128*	−0.064	−0.025	0.015	0.075	0.051	−0.029	0.196**	1		
10. BAGE	2.542	0.757	0.053	−0.068	0.057	−0.054	−0.025	−0.005	0.055	0.264**	0.042	1	
11. BEXP	3.029	0.837	0.111*	0.036	−0.015	0.002	0.119*	0.047	−0.160**	0.234**	0.019	0.275**	1

註：* $p < 0.05$，** $p < 0.01$；雙側檢驗。

共責任、企業規模、財務績效、企業主行業工作經驗之間存在顯著的相關關係，家族企業內部人責任與家族承諾、地理區域之間存在顯著的相關關係，外部人責任與家族所有權、家族承諾、地理區域、企業主行業工作經驗之間存在顯著的相關關係，公共責任與家族承諾之間存在顯著的相關關係。

6.4.2 假設檢驗

本章採用迴歸分析方法來對理論假設進行檢驗。使用家族所有權與家族承諾的交互項測量項以檢驗家族承諾在家族所有權與家族企業社會責任之間的調節效應，為了確保不存在多重共線性問題，對交互項測量項進行了中心化處理；使用 Baron 和 Kenny（1986）有關仲介變量的檢驗方法檢驗家族企業社會責任在家族所有權、家族承諾與員工組織認同之間的仲介效應。

第一，家族所有權、家族承諾對家族企業社會責任的影響。由表 6.2 知，家族所有權對家族企業內部人責任、外部人責任有顯著的正向影響（$\beta = 0.426$，$p < 0.10$、$\beta = 0.567$，$p < 0.05$；$\beta = 0.392$，$p < 0.10$、$\beta = 0.480$，$p < 0.05$），家族所有權對公共責任的正向影響不具有顯著性；家族承諾在家族所有權與家族企業內部人責任、外部人責任和公共責任之間起正向調節作用（$\beta = 1.050$，$p < 0.01$；$\beta = 0.691$，$p < 0.05$；$\beta = 0.759$，$p < 0.10$）。進一步分析發現（見表 6.3），家族所有權對家族企業投資者責任、員工責任、消費者責任、環境責任、法律和倫理責任有顯著的正向影響（$\beta = 0.553$，$p < 0.10$；$\beta = 0.555$，$p < 0.05$；$\beta = 0.655$，$p < 0.05$；$\beta = 0.787$，$p < 0.05$；$\beta = 0.982$，$p < 0.01$）；家族承諾在家族所有權與家族企業投資者責任、員工責任、商業夥伴責任、消費者責任、環境責任之間起正向調節作用（$\beta = 0.674$，$p < 0.10$；$\beta = 1.130$，$p <

0.01；β＝0.680，p＜0.10；β＝0.663，p＜0.10；β＝1.357，p＜0.05）。以上分析表明：其一，家族所有權對內部人責任的影響主要體現為對投資者責任、員工責任的影響，對外部人責任的影響主要體現為對消費者責任的影響，儘管家族所有權對公共責任無顯著的影響但對環境責任、法律和倫理責任有顯著的正向影響；其二，在家族「強承諾」的家族企業中，家族所有權對內部人責任、外部人責任、公共責任的正向影響更大，具體體現為對投資者責任、員工責任、商業夥伴責任、消費者責任和環境責任的正向影響更大。假設 H1a、假設 H1b 得到部分驗證。

第二，家族所有權、家族承諾對家族企業員工組織認同的影響。由表 6.4 知，家族承諾對家族企業員工組織認同有顯著的正向影響（β＝0.309，p＜0.01；β＝0.309，p＜0.01；β＝0.165，p＜0.01；β＝0.165，p＜0.01）；家族所有權對家族企業員工組織認同的正向影響不具有顯著性。假設 H2b 得到驗證。

第三，家族企業社會責任的仲介效應。由表 6.4（模型4）知，家族企業內部人責任、公共責任對員工組織認同有顯著的正向影響（β＝0.386，p＜0.01；β＝0.137，p＜0.05）；外部人責任對員工組織認同的正向影響不具有顯著性。進一步分析發現（見表 6.4 模型5），家族企業內部人責任對員工組織認同的影響主要體現為投資者責任、員工責任對員工組織認同的影響（β＝0.137，p＜0.05；β＝0.229，p＜0.01）；公共責任對員工組織認同的影響主要體現為社區責任對員工組織認同的影響（β＝0.197，p＜0.01）。假設 H3a 得到部分驗證。

由表 6.4（模型3）知，家族承諾對家族企業員工組織認同有顯著的正向影響（β＝0.309，p＜0.01）；由表 6.2（模型2）和表 6.3 知，家族承諾對家族企業內部人責任和公共責任

有顯著的正向影響（β = 0.276，p < 0.01；β = 0.267，p < 0.01），具體體現為對投資者責任、員工責任和社區責任有顯著的正向影響（β = 0.226，p < 0.01；β = 0.292，p < 0.01；β = 0.263，p < 0.01）；加入企業社會責任變量之後（表6.4中模型4 - 5），家族承諾對家族企業員工組織認同的正向影響變小但仍然非常顯著（β = 0.165，p < 0.01）。這說明，家族企業內部人（投資者、員工）責任、公共（社區）責任在家族承諾與員工組織認同之間起到部分仲介作用，即家族承諾對家族企業員工組織認同具有直接和間接影響，且間接影響主要是通過家族企業內部人（投資者、員工）責任、公共（社區）責任來實現的。假設H3b得到部分驗證。

此外，一些控制變量的影響也具有重要意義，如重慶家族企業對內部人（員工）責任、外部人（債權人、商業夥伴、消費者）責任表現明顯好於浙江家族企業，儘管地理區域差異不會引起家族企業公共責任行為表現的差異性，但重慶家族企業對環境責任、法律和倫理責任好於浙江家族企業，這在一定程度上表明了貧困落後地區的家族企業社會責任表現可能更好；規模越大的家族企業對內部人（投資者、員工）責任、外部人（債權人）責任表現越好；家族企業財務績效水準越好、企業主行業工作經驗越豐富，員工組織認同度越高。

表6.2 家族所有權、家族承諾與家族企業社會責任（一）

	內部人責任（ICSR）		外部人責任（OCSR）		公共責任（PCSR）	
	MODEL-1	MODEL-2	MODEL-1	MODEL-2	MODEL-1	MODEL-2
CONSTANT	2.281*** (0.314)	2.116*** (0.312)	2.321*** (0.330)	2.203*** (0.333)	2.336*** (0.416)	2.213*** (0.420)
LOCA	-0.185*** (0.065)	-0.189*** (0.064)	-0.401*** (0.068)	-0.402*** (0.068)	-0.137 (0.085)	-0.141* (0.084)
SIZE	0.041** (0.020)	0.048** (0.020)	0.044** (0.021)	0.048** (0.021)	0.027 (0.026)	0.031 (0.026)
SG	-0.002 (0.177)	-0.057 (0.174)	0.218 (0.187)	0.182 (0.187)	0.213 (0.234)	0.171 (0.234)
BAGE	-0.065 (0.044)	-0.062 (0.043)	-0.036 (0.045)	-0.034 (0.045)	-0.044 (0.056)	-0.041 (0.056)
BEXP	0.012 (0.041)	0.009 (0.040)	0.058 (0.043)	0.057 (0.042)	0.061 (0.052)	0.061 (0.052)
FO	0.426* (0.225)	0.567** (0.225)	0.392* (0.236)	0.480** (0.239)	0.294 (0.298)	0.385 (0.301)
FC	0.277*** (0.047)	0.276*** (0.046)	0.274*** (0.050)	0.276*** (0.050)	0.267*** (0.063)	0.267*** (0.062)
FO×FC		1.050*** (0.305)		0.691** (0.326)		0.759* (0.413)
Adjusted R^2 R^2 change F-value N	0.134 7.445*** 293	0.166 0.034 8.247*** 293	0.190 11.114*** 302	0.200 0.012 10.401*** 302	0.062 3.766*** 296	0.069 0.011 3.745*** 296

註：迴歸係數是非標準化係數，括號內的數字為標準差；

*、** 和 *** 分別表示 t 檢驗值在10%、5%和1%的水準上是顯著的。

表 6.3　家族所有權、家族承諾與家族企業社會責任（二）

	投資者 (INVE)	員工 (EMPL)	債權人 (CRED)	商業夥伴 (PART)	消費者 (CONS)	環境 (ENVI)	社區 (COMM)	法律和倫理 (LAET)
CONSTANT	1.986*** (0.391)	2.141*** (0.323)	2.118*** (0.443)	2.435*** (0.378)	2.027*** (0.359)	1.868*** (0.549)	2.484*** (0.446)	1.959*** (0.505)
LOCA	0.036 (0.080)	−0.239*** (0.066)	−0.298*** (0.091)	−0.388*** (0.077)	−0.485*** (0.073)	−0.195* (0.111)	−0.007 (0.091)	−0.450*** (0.102)
SIZE	0.070*** (0.025)	0.040* (0.020)	0.076*** (0.028)	0.037 (0.024)	0.034 (0.023)	0.051 (0.035)	0.019 (0.028)	0.041 (0.032)
SG	0.229 (0.223)	−0.113 (0.182)	−0.084 (0.253)	0.368* (0.213)	0.123 (0.203)	0.269 (0.310)	0.213 (0.252)	−0.088 (0.288)
BAGE	−0.103* (0.054)	−0.048 (0.044)	−0.055 (0.061)	−0.049 (0.051)	0.007 (0.049)	−0.148** (0.074)	−0.031 (0.060)	−0.012 (0.069)
BEXP	0.034 (0.050)	0.006 (0.041)	0.105* (0.056)	0.035 (0.048)	0.062 (0.046)	0.125* (0.069)	0.050 (0.056)	0.063 (0.064)
FO	0.553* (0.282)	0.555** (0.234)	0.347 (0.321)	0.393 (0.273)	0.655** (0.258)	0.787** (0.394)	0.031 (0.322)	0.982*** (0.367)
FC	0.226*** (0.059)	0.292*** (0.048)	0.259*** (0.066)	0.265*** (0.056)	0.300*** (0.054)	0.264*** (0.082)	0.263*** (0.067)	0.256*** (0.075)
FO × FC	0.674* (0.385)	1.130*** (0.317)	0.604 (0.438)	0.680* (0.371)	0.663* (0.355)	1.357** (0.542)	0.692 (0.444)	0.674 (0.495)
Adjusted R^2	0.084	0.168	0.102	0.144	0.215	0.075	0.043	0.107
R^2 change	0.009	0.036	0.006	0.010	0.009	0.019	0.008	0.005
F − value	4.525***	8.519***	5.373***	7.478***	11.493***	4.095***	2.702***	5.622***
N	307	298	308	308	308	308	306	309

註：迴歸係數是非標準化系數，括號內的數字為標準差；
*、** 和 *** 分別表示 t 檢驗值在 10%、5% 和 1% 的水準上是顯著的。

表 6.4　家族所有權、家族承諾、企業社會責任
　　　　與家族企業員工組織認同

	MODEL-1	MODEL-2	MODEL-3	MODEL-4	MODEL-5
CONSTANT	3.169*** (0.191)	1.877*** (0.337)	1.761*** (0.339)	0.406 (0.325)	0.330 (0.324)
LOCA	-0.008 (0.071)	-0.060 (0.070)	-0.061 (0.069)	0.066 (0.065)	0.034 (0.068)
SIZE	0.047** (0.022)	0.038* (0.021)	0.042* (0.021)	0.015 (0.019)	0.021 (0.019)
SG	0.374* (0.204)	0.462** (0.194)	0.426** (0.193)	0.510*** (0.168)	0.440** (0.170)
BAGE	-0.012 (0.048)	-0.017 (0.046)	-0.014 (0.046)	-0.015 (0.041)	-0.014 (0.042)
BEXP	0.079* (0.045)	0.085* (0.043)	0.083* (0.043)	0.076** (0.038)	0.077** (0.038)
FO		0.291 (0.243)	0.384 (0.245)	0.164 (0.217)	0.233 (0.221)
FC		0.309*** (0.051)	0.309*** (0.051)	0.165*** (0.049)	0.165*** (0.049)
FO×FC			0.730** (0.335)	0.172 (0.300)	0.197 (0.299)
ICSR				0.386*** (0.076)	
OCSR				0.063 (0.074)	
PCSR				0.137** (0.058)	
INVE					0.137** (0.057)
EMPL					0.229*** (0.076)
CRED					-0.062 (0.053)

表6.4(續)

	MODEL-1	MODEL-2	MODEL-3	MODEL-4	MODEL-5
PART					0.048 (0.069)
CONS					0.088 (0.065)
ENVI					0.000 (0.041)
COMM					0.197*** (0.065)
LAET					-0.045 (0.047)
Adjusted R^2 F-value N	0.033 3.137*** 316	0.143 8.365*** 310	0.154 8.004*** 310	0.402 17.674*** 274	0.409 12.786*** 274

註：迴歸係數是非標準化係數，括號內的數字為標準差；*、** 和 *** 分別表示 t 檢驗值在10%、5%和1%的水準上是顯著的。

6.5 結論與啟示

6.5.1 研究結論

履行社會責任有助於增強家族企業員工的組織認同，是中國家族企業獲取和累積管理資源的重要途徑。本章利用浙江和重慶兩地351家製造業樣本家族企業的調查數據，實證檢驗了家族企業社會責任與員工組織認同關係以及家族所有權和家族承諾的影響。主要結論如下：

第一，家族所有權對家族企業內部人（投資者、員工）責任、外部人（消費者）責任有顯著的正向影響，儘管家族所有權對公共責任無顯著的影響但對環境責任、法律和倫理責

任有顯著的正向影響；家族承諾在家族所有權與家族企業內部人（投資者、員工）責任、外部人（商業夥伴、消費者）責任和公共（環境）責任之間起正向調節作用。這表明，在家族「強承諾」的家族企業中，家族所有權對內部人（投資者及員工）責任、外部人（商業夥伴及消費者）責任、公共（環境）責任的正向影響更大。

第二，家族承諾對家族企業員工組織認同有顯著的正向影響。

第三，家族企業內部人（投資者、員工）責任、公共（社區）責任對員工組織認同有顯著的正向影響，並在家族承諾與員工組織認同之間起部分仲介作用。

6.5.2 研究的理論意義與實踐意義

（1）理論意義

本研究的理論意義主要體現在以下三個方面：

第一，對企業社會責任與員工組織認同關係研究具有重要的推進。目前學術界有關企業社會責任與員工組織認同關係問題的研究明顯不足（Larson et al, 2008），而專門針對中國家族企業領域的相關研究更是空白。

第二，對家族性特徵與家族企業員工組織認同關係研究具有重要的推進。前期研究強調家族性特徵與家族企業員工組織認同的直接關係，並主要停留在家族文化價值觀的直接影響（Vallejo & Langa, 2010；Moscetello, 1990；Adams, Tashchian & Shore, 1996），本研究將家族性特徵與家族企業員工組織認同關係放入到企業社會責任的視角進行分析，集中在家族所有權、家族承諾對家族企業員工組織認同的影響。

第三，探討了家族承諾在家族所有權與家族企業社會責任之間的調節效應，對家族性特徵與家族企業社會責任關係有了更深入的認識。

（2）實踐意義

本研究對中國家族企業社會責任及成長實踐具有重要啟示：

第一，增強對投資者、員工及社區的責任（如對社區文教事業提供支持、對弱勢群體提供幫助及慈善捐贈）是提升中國家族企業員工組織認同的有效手段，也是家族企業獲取和累積管理資源、緩解管理資源瓶頸約束矛盾的重要途徑。

第二，家族企業領導人應積極引導和培育家族成員支持企業目標與任務的「強承諾」文化，進而營造「強承諾」的家族企業文化，這對提升家族企業員工組織認同、增強家族企業社會責任意識和行為具有重要意義。

第三，當前過於強調稀釋家族所有權，對於增強家族企業社會責任（投資者責任、員工責任等）可能是不利的，進而不利於增強家族企業員工的組織認同。

6.5.3 局限性及有待進一步深入研究的問題

當然，受研究環境和研究者能力限制，本研究存在一定的局限性。具體體現在：

第一，有關家族企業員工組織認同的測量，主要反應的是家族企業的中高層管理人員的組織認同情況，同時每個樣本家族企業僅僅只有一個調研對象，要準確地反應家族企業員工的組織認同情況，需要綜合考慮不同類型員工（如企業中高層管理人員、普通員工等）的組織認同情況。

第二，僅僅考慮了家族所有權與家族承諾等家族性特徵的影響，沒有考慮家族管理權、家族代際傳承情況等家族性特徵的影響（Astrachan, Klein & Smyrnios, 2002）。

第三，在探討家族承諾、家族所有權與家族企業員工組織認同之間的仲介變量時，僅僅採用了企業社會責任這樣一個變量，結果顯示為部分仲介，沒能完全揭示影響家族企業員工組

織認同的所有仲介變量。

第四，橫截面研究設計，沒有考慮時間因素的影響。

因此，未來有必要圍繞上述問題展開進一步的分析研究。

7

典型案例

　　本章主要採用多案例的典型案例分析方法來對前面的研究結論進行驗證。我們選取了宗申產業集團有限公司、力帆實業（集團）股份有限公司、重慶陶然居飲食文化（集團）有限公司、重慶德莊實業（集團）有限公司、重慶周君記火鍋食品有限公司五家典型家族企業，描述這些典型家族企業的社會責任意識和行為表現及基本特徵，以期對轉型經濟背景和儒家文化傳統下的中國家族企業社會責任實踐有進一步深入的認識和把握。

7.1　宗申產業集團有限公司

7.1.1　宗申產業集團有限公司簡介

　　宗申產業集團有限公司（以下簡稱「宗申集團」）的前身是始創於1992年的重慶宗申摩托車科技開發有限公司[①]，該公司坐落在重慶市巴南區，註冊的企業性質為私營企業，實際

[①]　從嚴格意義上講，宗申集團的前身是由左宗申創建於1982年的重慶市巴南區王家壩摩托車修理鋪。

上是一家典型的家族企業。創始人左宗申從 50 萬元起家，經過近 30 年艱苦創業，企業已演變成為一家以摩托車發動機和摩托車製造為主業，集通用動力機械、微型汽車發動機、新能源、生物工程、礦業、房地產開發、金融業務等多元化經營於一體的大型企業集團，是目前世界上最大的摩托車和發動機生產與銷售企業之一。

目前，宗申集團公司旗下共擁有全資或控股子公司 30 餘家，包括「宗申動力」、「宗申派姆」兩家上市公司（其中，「宗申動力」在國內 A 股上市，股票代碼：001696；「宗申派姆」在加拿大多倫多主板上市，股票代碼：ZPP），集團公司資產總額達 852,790 萬元；2009 年摩托車總產量 139.1 萬輛，總銷量 139.2 萬輛，摩托車工業總產值 100.1 億元，淨利潤 5.89 億元，出口創匯 3 億美元（中國摩托車工業年鑒，2010）；產品已出口 88 個國家和地區，並在 160 個國家申請註冊了「ZONGSHEN」商標或「ZIPSTAR」商標；擁有「宗申」、「力之星」兩個著名品牌，其中「宗申」品牌價值達 59.18 億元；擁有中國第一個世界級摩托車車隊。

宗申集團的主要業務範圍分為三大板塊：第一，以宗申動力為龍頭的多領域動力系統業務板塊，包括兩輪車動力系統、三輪車動力系統、四輪車動力系統、通用動力機械、農用動力機械，並逐步構建柴油和電驅動動力的能力，為客戶提供動力匹配的一體化解決方案。具備年產摩托車發動機 500 萬臺、通機產品 500 萬臺的生產能力。第二，以宗申派姆為龍頭的終端動力產品業務板塊，具備年產銷兩輪及三輪摩托車 300 萬輛、電動摩托車（包括輕便助力車）100 萬臺的生產能力。宗申派姆（ZPP）還涉足可替代、環保型燃料電池研發。第三，以宗申地產為龍頭的房地產業務板塊。此外，宗申集團業務範圍還涉及生物工程、礦業及準金融業務等業務板塊。

宗申集團從創業之初發展至現在，仍然是一家典型的家族

企業。主要體現在：第一，創始人左宗申及家庭成員共持有宗申集團100%的股份，其中，左宗申持股83%，女兒左穎持股7%，其夫人袁德秀持股10%；第二，左宗申兼任宗申集團的董事長和CEO；第三，在宗申集團高管團隊的9位成員中，左宗申家族成員占3名，分別擔任集團公司的CEO（左宗申）、高級副總裁（左穎）和顧問（左宗慶）。同時，這些家族成員分別還擔任了宗申集團下屬子公司或分公司的重要職位。

表7.1 2012年宗申產業集團有限公司高管人員的基本情況

左宗申	1952年出生，大學學歷，高級工程師。現任宗申產業集團董事長兼首席執行官（CEO），主持集團全面工作，監管營運管理中心和風險管理中心。
李耀	1964年出生，工商管理碩士。現任宗申產業集團常務副總裁，分管戰略發展中心工作。
左穎	畢業於美國邁阿密商務管理大學。現任宗申產業集團高級副總裁，分管海外發展中心工作。
左宗慶	1962年生，大學本科學歷。現任宗申產業集團顧問。
李桃	1964年出生，本科學歷，政工師。現任宗申產業集團黨委書記，分管黨群事務部工作。
高翔	1970年出生，大學本科學歷（在讀EMBA），會計師、經濟師、高級國際財務管理師。現任宗申產業集團高級副總裁，分管財務與金融管理中心工作。
王宏彥	1969年生，管理科學與工程研究生學歷。現任宗申產業集團高級副總裁，分管人力資源和企業文化中心工作。
何林	1974年生，北京大學外交學碩士，政治與公共管理專業博士在讀。現任宗申產業集團董事長助理及CEO辦公室主任，分管CEO辦公室及大行政體系工作。
雷艇	1963年生，機械工程碩士。現任宗申產業集團技術中心主任，分管技術中心工作。

資料來源：宗申產業集團有限公司官方網站。

7.1.2 宗申集團的社會責任觀

（1）引導「惟一惟精、惟實惟新」的企業理念，強調企業「責任」意識

家族企業的「企業理念」在很大程度上體現了家族企業創始人的理念。宗申集團的企業理念在很大程度上體現了創始人左宗申的理念，而左宗申對宗申員工「企業理念」的培育則主要是通過早會制度來完成的。宗申集團自創業之初，在左宗申的積極倡導和親自參與之下，形成了獨具特色的早會制度。每週大早會的時候，宗申集團全體員工都會齊聲朗誦宗申的企業理念，並要求全體員工牢記，這些企業理念充分彰顯了宗申的社會責任意識。類似於宗申集團的成長，宗申企業理念也經歷了一個逐步發展和完善的過程，並最終形成了「惟一惟精、惟實惟新」的企業理念。

例如宗申的「惟一」理念主要指專一、專注、專攻，專攻主業、專注本職、專一熱動力，上下一心，合力為一，利益一體，一心一意，忠誠企業。該理念把宗申的發展與員工個人的發展、客戶利益、社會發展緊密聯繫起來，達到與「社會共同進步、與員工共同發展、與客戶共享成功」的格局與境界。宗申的「惟精」理念主要指精細、精通、精益、精干；精良製造，製造精品。該理念充分體現出宗申集團對產品質量和消費者利益的關注，並直接決定了宗申集團的社會責任行為表現。

（2）強化員工責任，積極建立員工幫扶機制

宗申對企業員工的責任主要體現在以下幾個方面：

第一，建立培訓機構，加大員工培訓力度。

為加大對員工的培訓力度，2002年宗申集團成立了專職培訓部門，並配置多名專業人員從事員工培訓管理與素質教育工作；2003年成立「國家博士後科研工作站」，以加強對高端

人才的培訓力度；2007年修建培訓中心，添置並完善教學設施、輔助器材等，為員工學習掌握生產實作技能、學習專業理論知識提供了專業、優良的環境；此外，宗申集團還聯合北京大學舉辦「宗申管理碩士」培訓班，聯合重慶大學選送研究生赴國外留學深造等，增強了對企業中高級管理、技術人才的儲備。

第二，完善薪酬體系與社會保障體系。

宗申集團根據崗位知識技能、個人和團隊績效及外部市場工資水準，搭建具有激勵性、公平性和競爭性的員工薪酬體系。積極開展創先爭優活動，把「創先爭優」引入職位晉升和薪酬等級體系，明確員工晉升方式和薪資提高額度，對技術標兵、先進班組、先進黨員、創新能手等表現優秀的員工在職位晉升或薪資級別提升方面適當傾斜，最大限度激發員工的熱情和活力。

完善社會保障體系。目前宗申集團為全體員工辦理了「五險一金」，參保率達到100%。針對部分崗位的工作性質，為員工購買意外傷害保險、補充工傷保險等商業險種，對防範意外事故、保障員工的權益、維護員工隊伍穩定起到了促進作用。

第三，實施人才激勵機制。

宗申集團組織企業員工深入開展崗位練兵、技術比武、名師帶徒，踴躍參加技術革新、技術協作、技術攻關等活動；著力培養知識型、技術性和創新型員工隊伍；廣泛開展「我為企業獻計獻策」、「員工滿意度調查」及小改小革的「金點子」活動，對被採納的意見和建議，給予5000元左右的表彰獎勵，充分調動員工參與企業經營管理的主動性與積極性。

第四，建立「員工之家」，創建溫馨和諧的人文環境。

宗申集團投入8000萬元修建了條件一流的青年公寓，配置空調、電視機、獨立衛生間、網絡等設施，為單身員工、進

城務工的農民工提供良好的休息和生活條件；修建了功能完善、硬件設施一流的食堂、生活超市、衛生所。在高溫天氣，定時向員工提供冷飲、綠豆湯以及防暑降溫藥品，並提供日常醫療服務；修建運動健身場所和多功能廳，每年投資數十萬元舉辦學習講座、文藝表演、歌咏比賽、消防運動會等豐富多彩的文化娛樂活動，做到月月有活動、季季有安排、年年有新意，不斷豐富員工的業餘文化生活，為員工展現才藝提供了平臺。

第五，建立特困員工幫扶機制。

集團工會設立了特困員工救助基金，每年向特困員工發放救助基金都在 30 萬元以上，而左宗申和袁德秀夫婦以個人名義每年向工會員工救助基金捐獻 20 萬元左右。

（3）實施精良製造戰略，確保產品質量和消費者利益

進入 21 世紀，中國摩托車行業整體走向成熟，行業利潤空間進一步縮小，整個摩托車行業特別是摩托車成車組裝行業面臨一次重大的重組與洗牌。如何在重組與洗牌中脫穎而出？為此，宗申提出了「精益生產、精良製造」的發展戰略，確保產品質量和消費者利益。

宗申集團的精良製造主要從抓零部件供應模式入手。宗申的零部件供應模式經過了一個較長的探索階段。1996 年，當宗申第一輛摩托車成車下線時，零部件供應方式採取的是市場買賣合約關係。但摩托車行業龐大而劣質的零部件供應系統使左宗申很快就意識到該供應模式的弊端，決定進行零部件供應模式的改革。宗申最初的設想是，通過對零部件配套企業的收購、重組、整合、再變賣產權的方式，將宗申的企業理念輸入到零部件配套企業之中，以此打造精良製造的「宗申系」。但該模式最終未能成行。從 1997 年開始，左宗申在摩托車行業率先提出了「與零部件供應商組建網絡聯盟」的戰略構想，即依據摩托車零部件價值量的大小，與零部件配套企業分別組

建核心層、緊密層和半緊密層形式的戰略聯盟，宗申向這些配套企業提供資金資助並包銷部分產品，其中，核心層配套企業的產品原則上不允許對外銷售，緊密層配套企業的產品只允許供應少數幾家企業。到 2001 年，與宗申存在著網絡聯盟關係的配套企業已有 300 多家，對於實現宗申的快速成長起到了重要作用。然而，由於該網絡聯盟本質上是一種契約型聯盟，缺少資產紐帶，隨著配套企業的成長壯大，其違約等機會主義行為會不斷增加。

對此，2004 年初，在宗申摩托車服務管理商、配套供應商年會上，左宗申呼籲「整合資源、集中採購，持續優化配套體系、精減配套廠家，建設宗申摩托車自己的零部件基地，運用先進技術和工藝來實現精良製造」，從源頭上控制摩托車零部件尤其是核心零部件[①]的質量。宗申提出了將目前 1000 多家零配件供應企業縮減至 300 家左右的目標，並對核心層、緊密層配套企業開出了極其嚴格的條件，要求其「專供宗申」，徹底擯棄「一件供天下」的配套格局。在此基礎之上進一步提高核心零部件的自產率和質量。為此，主要採取以下三個手段：

第一，引進優良配套企業進駐宗申工業園，通過控股、參股方式，打造風險共擔、利益共享的「宗申系」。

自 2004 年以來，具有一定技術優勢的宗申零部件配套企業陸續引進重慶宗申工業園。如 2004 年，宗申與浙江星星集團在重慶宗申工業園合資組建了「宗申塑模製品有限公司」，所產塑料覆蓋件達到了江浙、廣東板塊的先進水準，並符合歐美摩托車的品質標準；2005 年 9 月，宗申與重慶宏立摩托車

[①] 在摩托車上千餘種零部件中，價值量最大的即核心零部件主要是發動機、塑料件（覆蓋件）、結構件（車架等）、塗裝（表面處理）和電裝品（電器件）等。

配件製造有限公司在重慶宗申工業園合資組建了年產坐墊300萬件（套）的規模和生產能力「宗申宏立座墊製造有限公司」。從產權性質來看，這些入園配套企業在產權上不屬於宗申，由合資雙方共同所有，雙方合作的前提是，配套企業必須在宗申成本核算下，按宗申的技術標準進行生產，其產品只能賣給宗申。從股權結構來看，宗申持股比例相對更高一些，此舉的目的是為了增強宗申對合資企業的控制權，在較大程度上抑制入園配套企業的機會主義行為；而入園配套企業組建合資企業的目的主要是，借用宗申企業的品牌，拓展自己的形象，掘取更高的利潤份額①。此外，與國外著名摩托車製造企業合資合作，組建核心零部件配套企業也是宗申實施「精良製造」的又一重要戰略舉措。

第二，獨資組建核心零部件生產企業。

如2004年，宗申集團投資2億多元在重慶宗申工業園建成了年產300萬臺摩托車發動機的新工廠。發動機新工廠融入了國內外一流技術，在全國屬一流水準，並擁有多項專利。對此，左宗申不無自豪地誇下海口，宗申新發動機生產線的技術水準之先進，在國內同行內找不出第二條，國內同行也難以在短期內趕上，這為確保宗申精良製造夯實了基礎。目前，宗申整車上配置的「宗申牌」發動機，是行業內獲得首張「3C」證書的品牌發動機。此外，在重慶宗申工業園，完全由宗申集團投資興建的核心零部件項目還包括衝焊、汽摩進氣系統等。

第三，業務整合。

2008年宗申集團將兩輪摩托車業務與進出口業務、國內銷售業務、關鍵零部件業務等八個業務板塊進行整合，納入原

---

① 摩托車配件企業的平均利潤只有1%～2%，而宗申園區內的配套商從宗申手中獲得的利潤超過10%。左宗申曾自豪地說，宗申自己的配套系統今後不僅要為比亞喬中國工廠配套，宗申還將把哈雷在亞洲的零部件採購全部接過來。

重慶宗申機車工業製造有限公司的業務範圍，整合後的宗申機車公司具備年產摩托車 400 萬輛、關鍵零部件 700 餘萬個的生產能力。

目前，宗申集團所生產的產品已形成包括騎式車系列、彎梁車系列、太子車系列、踏板車系列、越野車系列、跑車系列在內（排量從 50cc 到 250cc）的共計 8 個系列、200 多個品種，產品在質量、技術等方面始終保持國內領先水準。

（4）積極投身社會公益事業

宗申集團從來都沒有疏忽過對「責任」二字的書寫，企業因為社會而成長，回報社會，常懷一顆感恩的心，書寫「責任」二字。

第一，賑災創多個第一。

1998 年 8 月的抗洪賑災中，宗申集團向災區人民捐贈現金 216.41053 萬元，其中，左宗申個人捐款 110 萬元，個人和企業的捐款金額都為重慶市之首；2003 年 5 月，為支援重慶抗擊「非典」鬥爭，宗申集團捐款 220 萬元，這是重慶市工業企業中數額最大的一筆捐款；2007 年 7 月，宗申集團向重慶市抗洪救災捐款 210 萬元，是重慶市民營企業中數額最大的一筆捐款；2008 年，在四川汶川地震災害之後，宗申集團向災區捐款捐物 400 餘萬元（含集團捐款 260 萬元、捐服裝 100 萬元、員工捐款 46 萬元）；2010 年，青海玉樹地震發生之後，宗申集團迅速組織員工加班趕制並星夜兼程地為災區送去價值 20 萬元的 100 臺發電機，在第一時間向當地經銷商捐贈 20 輛宗申摩托車。

第二，助學為最大功德。

左宗申認為，「捐資助學是最大的功德」。自 2002 年以來，宗申集團在全國範圍內開始了一系列捐資助學善舉，先後在雲南、江西、陝西、河北、湖北、四川等地捐建宗申希望小學，如陝西華縣沙彌鄉小學、江西樂安縣宗申爐桐小學、內蒙

古商都縣宗申希望小學、湖北漢川市宗申明聲希望小學、四川江安縣宗申遠大小學、重慶城口縣宗申希望小學等，共計捐款300多萬元。

第三，扶貧濟困增社會和諧。

宗申集團作為重慶市政府扶貧集團成員單位，在完成對重慶城口縣的對口扶貧後，又擔當了重慶酉陽縣的幫扶義務。宗申集團還是重慶市巴南區苦竹壩社會敬老院、南泉敬老院、重慶市兒童福利院、重慶市少管所的常年聯繫單位。

秉承「創建和諧社會」的宗旨，宗申集團每年都會發動廣大員工開展各種各樣的便民服務，組織內容豐富的文藝表演並積極參加政府、社區組織開展的各項公益活動，借此與社區及社會緊密相連，共同創建和諧社會。

2009年9月，宗申集團被授予「重慶市10大慈善企業」美譽，左宗申登臺領獎，並代表「重慶市10大慈善企業」發言。「感謝組委會和主辦單位將『10大慈善企業』的獎項頒給宗申等企業，這也是對宗申多年來參與慈善公益事業的肯定。」「我們做得還不夠，還要繼續努力！」

7.2 力帆實業（集團）股份有限公司

7.2.1 力帆實業（集團）股份有限公司簡介

力帆實業（集團）股份有限公司（以下簡稱「力帆集團」）的前身是創建於1992年的「重慶市轟達車輛配件研究所」，註冊的企業性質為私營企業，實際上是一家典型的家族企業。創始人尹明善從20萬元起家，帶領9名員工，經過20餘年的艱苦創業，企業已發展演變成為一家集汽車和摩托車的研發、生產、銷售（包括出口）為主業，並投資於金融業的

大型民營企業集團，該集團是目前世界上最大的摩托車和發動機生產與銷售企業之一，已九度入選中國企業 500 強，連續多年成為重慶市出口企業第一名。2010 年 11 月 25 日，力帆實業（集團）股份有限公司在上海證券交易所成功上市，股票代碼為 601777，首次公開發行 2 億股，募集資金 29 億元人民幣，是中國首家上市 A 股的民營乘用車企業。

截至 2010 年年底，力帆集團的資產總額已達 101.49 億元，員工人數達 8732 人（其中具有大中專以上文化程度的員工人數達 4385 人），累計申請專利 6838 件，已獲授權專利 5650 件。2010 年，力帆集團實現銷售收入 67.71 億元，同比增長 27.05%；實現利潤總額 4.43 億元，同比增長 27.60%；產銷乘用車 6.9175 萬輛，產銷摩托車 82.46 萬臺，產銷發動機 193.94 萬臺，產銷通機 51 萬臺；出口創匯 4.28 億美元。力帆產品遠銷 160 多個國家和地區。力帆摩托在越南、泰國、土耳其建有工廠，力帆轎車已在埃塞拜疆、伊拉克、埃及、俄羅斯、伊朗、埃塞俄比亞等國家下線。

力帆集團研製出了許多中國乃至世界摩托業都沒有的新產品，如 100cc 電啓動、雙缸 125cc 型、400cc、600cc 發動機。力帆的許多摩托車新技術如水冷、多氣門、電噴、雙燃料、二次燃燒、大排量等，在摩托車行業都具有領先地位。

2006 年 1 月，力帆集團 520 轎車在全球同步上市，標誌著力帆正式進軍汽車產業。截至 2010 年 12 月，力帆集團已擁有有效專利 1566 項，居汽車行業第一。

力帆集團是中國企業的傑出典範，其發展受到黨和國家領導人的重視，創始人兼董事長尹明善曾多次受到胡錦濤、吳邦國、溫家寶、賈慶林、李鵬、朱鎔基、吳儀等的親切接見，朱鎔基同志稱贊尹明善是一位「成功的民營企業家」。

力帆集團從創業之初發展至現在，仍然是一家典型的家族企業。主要體現在：第一，在集團公司的股權結構中，尹明善

及家庭成員直接持有力帆集團0.6567%的股份（其中，尹明善持股0.17%，夫人陳巧鳳、兒子尹喜地和女兒尹索微分別持股0.16%），並通過力帆控股有限公司間接持有力帆集團65.0161%的股份，合計控制力帆集團65.67%的股份，尹明善及其家庭成員是力帆實業（集團）股份有限公司的最大股東和實際控制人（參見圖7.1）；第二，在力帆集團董事會成員中，尹明善及家庭成員占4人，其中尹明善擔任集團董事長，陳巧鳳、尹喜地和尹索微分別擔任集團董事職務（參見表7.2）。除了擁有集團股權並占據集團董事會席位之外，尹明善的這些家庭成員還分別掌管集團旗下的核心子公司的經營控制權，例如，尹喜地同時兼任重慶力帆資產管理有限公司董事長、重慶力帆乘用車有限公司董事長、重慶力帆電噴軟件有限公司董事長、重慶力帆摩托車產銷有限公司董事長、重慶力帆科技動力有限公司董事長、重慶力帆實業（集團）進出口有限公司董事長、力帆控股董事等職。

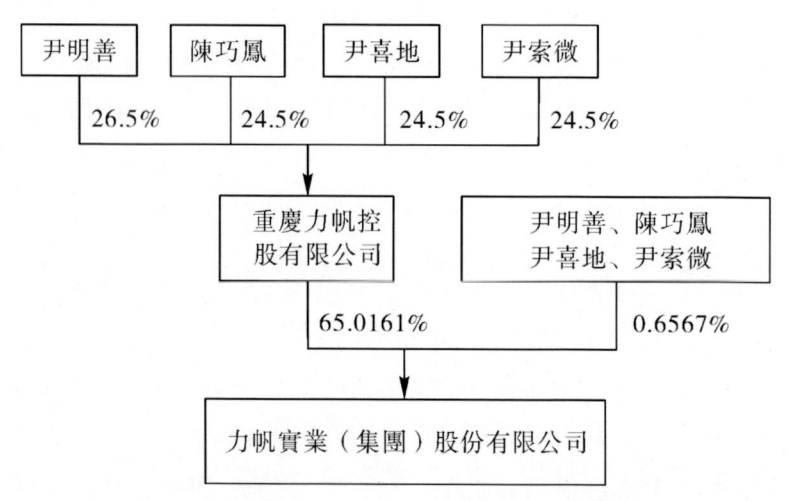

圖7.1 力帆實業（集團）股份有限公司股權結構

表7.2　2010年力帆實業（集團）股份有限公司董事會、監事會的基本情況

(1)尹明善	男,72歲,董事長	(11)陳輝明	男,67歲,獨立董事
(2)王延輝	男,41歲,副董事長	(12)王巍	男,52歲,獨立董事
(3)陳巧鳳	女,44歲,董事	(13)李光煒	男,70歲,監事會主席
(4)尹喜地	男,39歲,董事	(14)楊洲	男,44歲,監事
(5)尹索微	女,24歲,董事	(15)李春霞	女,31歲,監事
(6)陳雪松	男,40歲,董事	(16)庹永貴	男,41歲,監事
(7)楊永康	男,49歲,董事	(17)賀元漢	男,63歲,職工監事
(8)童貴智	男,38歲,董事	(18)張宇華	男,39歲,職工監事
(9)郭孔輝	男,75歲,獨立董事	(19)湯曉東	男,40歲,董事秘書
(10)王崇舉	男,62歲,獨立董事		

資料來源：力帆實業（集團）股份有限公司2010年年度報告

表7.3　2010年力帆實業(集團)股份有限公司高管團隊的基本情況

尚遊	男,40歲,總裁
關鋒金	男,58歲,常務副總裁
牟剛	男,40歲,副總裁
楊波	男,38歲,副總裁
廖雄輝	男,40歲,副總裁
熊國忠	男,49歲,副總裁
葉長春	男,37歲,財務負責人

資料來源：力帆實業（集團）股份有限公司2010年年度報告

7.2.2　力帆集團的社會責任觀

(1) 積極引導「誠信與責任」的企業理念

「企業如人，不能沒有精神」。在力帆集團的成長過程中，

作為文化人出生的董事長尹明善①不時提煉一些企業理念，並要求全體員工牢記。這些企業理念充分彰顯出董事長尹明善及其所掌控的力帆集團的「誠信與責任」意識，並直接決定了力帆集團的社會責任行為表現。例如，「實實在在做企業，豐豐厚厚報客商」、「寧可他人負力帆，不可力帆負他人」、「英雄本無種，創新論成敗」；「富貴豈有根，質量定興衰」、「拼價格苟且偷生，拼質量共同富裕」、「你為力帆添磚加瓦，力帆為你遮風避雨」等，這些企業理念充分彰顯出力帆集團對企業員工、供應商、消費者的「誠信與責任」意識。

（2）熱心公益事業

「致富思源，富而思進」。在企業成長與發展的同時，力帆集團也不忘回報國家和社會。從 1992 年至今，力帆集團已向社會捐贈超過 1 億元。截至 2010 年年底，力帆集團已在全國 31 個省、市、區捐建了 104 所光彩學校，讓近 5 萬名學生獲得了上學機會。以下是力帆集團的部分公益大事記錄：

［20/09/2010］ 力帆捐款 1000 萬綠化長江

［21/04/2010］ 力帆為玉樹災區捐款

［15/09/2009］ 愛在行動，愛心人士關愛孤兒

［07/09/2009］ 慈善活動周，力帆現場捐款 100 萬

［04/07/2009］ 尹明善捐 100 萬家鄉抗災

［21/11/2008］ 廣東雙湖力帆光彩學校落成

［15/05/2008］ 力帆員工積極捐款，向四川地震災區獻愛心

［15/05/2008］ 力帆抗震救災捐款突破 270 萬

［15/05/2008］ 力帆員工捐款過 50 萬

［15/05/2008］ 合川古樓鎮力帆光彩小學落成

---

① 尹明善曾任重慶合成化工廠電大英語教師、重慶市電視大學英語中心教研組組長、重慶市設計院英語教師、重慶出版社編輯、重慶國際技術諮詢公司副總經理、重慶長江書刊公司董事長。

［14/05/2008］力帆為受災地區捐款 200 萬元
［13/05/2008］尹明善為梁平小學捐款 100 萬
［05/09/2007］力帆內蒙古革命老區再建光彩學校
［17/08/2007］力帆 30 萬捐建張家口力帆光彩小學
［22/05/2007］力帆在宿豫捐建光彩小學
［06/05/2007］8 年捐款 5 千萬——力帆 2007 再添「光彩」
［07/09/2006］「西部孩子王」捐建六十七所「光彩小學」

對社會公益事業的投入也使力帆集團獲得了社會的回報。2005 年 11 月，董事長尹明善榮獲由國家民政部和中華慈善總會頒布的「中華慈善獎」，成為重慶市唯一獲此殊榮的企業家；2009 年 4 月，獲「光彩事業突出貢獻獎」；2009 年 10 月，上榜「60 年影響中華公益的 60 位慈善家」人物名單；此外，尹明善也多次入選「胡潤慈善榜慈善行動者」榜單。

（3）給員工大舞臺，為職工送溫暖

在民營企業中，力帆集團以尊重知識和尊重人才而著稱。集團公司既為員工提供了施展才華的平臺，又為人才提供了廣闊的發展空間。董事長尹明善提出了「求才知才、知才用才、用才留才」的人才觀，貫徹到力帆集團的人才管理工作中，並形成了鮮明的特點。

力帆集團不僅給員工展示才華的機會和平臺，還盡力給員工提供各種福利。當許多企業連發放職工的工資都成問題時，力帆卻開始考慮為員工增加工資了。1999 年全國公務員調資，力帆也跟著普調了一次，讓所有力帆員工都享受了一回公務員的待遇，即每個員工平均月增資 120 元，這在全國民營企業中開了先河。董事長尹明善說，「財富取之於力帆人，理當回報於力帆人。」「效益是全體員工共同創造的，他們有資格有權利分享！所以在可能的情況下，在企業經營成本可以承受的情況下，我們會盡可能讓力帆的員工生活得好一點。」

此外，力帆集團也十分關心困難職工的生活。集團黨委、

工會每年都會準備慰問金送到困難職工的手中，力所能及地幫助他們解決或緩解生產生活等方面的實際困難。2009 年，集團黨工團建立了走訪困難員工、反饋重點問題的制度，全年幫扶 7 名特困員工，捐款 5.08 萬元，借款 15.9 萬元，還為 10 名員工解決了子女入學難問題。

（4）與經銷商共進退

在力帆集團的產業體系中，廠商和經銷商是精誠合作的事業夥伴。從制定行銷策略開始，力帆集團就充分尊重經銷商的意見和建議，並為此專門成立了「經銷商行銷顧問委員會」，一些涉及產品研發、定價、渠道設計、品牌推廣和服務建設等重大決策，力帆都會請經銷商代表一起來商議，充分聽取經銷商的意見和建議。如 2011 年 3 月 11 日，力帆集團摩托車銷售有限公司正式成立「行銷顧問委員會」，10 位來自全國的力帆代理商被力帆摩托車銷售有限公司聘任為行銷顧問委員。「行銷顧問委員會」成立當天召開了第一屆顧問委員會議，10 位行銷顧問委員與力帆集團領導圍繞行銷的「產品、價格、渠道、促銷」等方面問題進行了商議。借助「行銷顧問委員會」的強大智慧進行行銷整合，從而提出了最合適的市場各個細節的解決方案，推動了力帆摩托車在全國市場的知名度與美譽度。

（5）創新思路，為消費者謀利益

「寧可他人負力帆，不可力帆負他人」，這是力帆集團為廣大消費者奉獻高品質產品和優良服務的集中體現。集團公司也因此連續多次獲得重慶市「重合同守信用企業」稱號，並榮獲 2006 年度「中國最佳誠信企業」稱號。以力帆汽車為例，自力帆汽車上市以來，力帆集團就一直強化力帆汽車的「全程服務意識」，盡可能地為廣大汽車用戶提供優質產品和服務。

力帆汽車強化「全程服務」

「服務不應該只是在銷售之後才去體現，當汽車配件還在流水線上滾動的時候，我們就開始為消費者著想。通過外部服務體系的完善，服務質量的不斷提高，以及內部服務意識的不斷強化，實現對消費者的服務從『頭』開始。」力帆汽車負責人如是說到。從力帆進入汽車行業以來，從網點的構建、供應渠道的建設等「硬件」到服務水準的提升及服務意識強化的「軟件」實力，一直貫穿於力帆汽車每一步的發展。

外練筋骨皮——完善「硬件」

「要通過我們的工作，讓消費者得到切實的利益。」在這個迅速發展的快節奏時代，服務網點等配套設施的「質」與「量」，服務人員的技能水準與解決問題的能力，可以說是決定消費者能否享受到高效率、高品質服務的最重要條件。截至2011年7月，力帆汽車在全國的售後服務中心已經有500多家，服務網絡實現了全國省會城市全覆蓋，地級市覆蓋率達95%以上；百強縣覆蓋率達80%以上。此外，力帆汽車還健全了配件供應渠道，在全國成功建立了9家備件儲備充足的專業備件物流渠道，備件供應質量和效率得到大大提高，使力帆汽車售後服務有了可靠的保障。網點的完善，服務半徑越來越短，讓用戶切身感受到力帆汽車服務的便捷。

不僅如此，隨著最近半年內上海奧獅和重慶嘉航等4S旗艦店的正式開業，力帆汽車服務網點迎來了從「量」到「質」的飛躍，服務質量也更上一層樓。

內練一口氣——強化服務意識

完善的服務並不單指「硬件」服務「獨舞」，服務意識和服務水準的提高，同樣是服務體系中不可缺少的「軟件」。如果說服務網絡、配件物流體系等硬件是血肉，那麼服務意識就是「靈魂」。

力帆汽車強調的「全程服務」不僅在於不斷提升服務人

員的水準，更要求員工在銷售甚至研發生產等環節就設身處地為消費者切身利益考慮。今夏開展的第二屆服務維修技能大賽，不僅是再一次對服務技師水準的大檢閱，更將服務站站長、服務顧問等職務列入其中，使得整個服務流程中的員工都實現了一次全面的提升。正在舉辦的首屆行銷服務技能大賽，更是把銷售人員也納入到服務提升的範疇之中，提升銷售人員以自身的專業知識為消費者提供更加有效的選車、購車方案的能力，「從售前就開始貫徹為消費者服務的意識」。

「內外兼修，軟硬兼施」。從進入汽車行業起，力帆汽車在不斷提升產品力的同時，將服務力的提升作為企業發展新的動力已經走在了行業前列。本著「用戶至上、服務先行」的理念，力帆汽車已經把服務變成了一種至關重要的責任。

（資料來源：http://club.auto.qq.com/thread-309972-1-1.html）

7.3 重慶陶然居飲食文化(集團)有限公司

7.3.1 重慶陶然居飲食文化（集團）有限公司簡介

重慶陶然居飲食文化（集團）有限公司（以下簡稱「陶然居集團」）創建於1995年，註冊資金5100萬元，註冊的企業性質是私營企業，實際上是一家典型的家族企業。創始人嚴琦在重慶市九龍坡區白市驛以5張桌子白手起家，經過近20年的艱苦創業，企業目前在全國26個省市有93家大型中餐連鎖店，年營業額達23.99億元，營業總面積達62萬平方米，成為「中國川菜第一品牌。」

陶然居集團是一家以餐飲為龍頭，涉足生態養殖、物流配送、人才培訓、連鎖經營、食品加工等的跨行業集團。集團公司先後在廣西北海、貴州紅楓湖、百花湖、四川青城後山，重

慶白市驛等地擁有八大生態種、養殖基地，其中水產水域養殖面積8萬多畝。

陶然居集團先後獲得國家商務部首次頒發的「中國十大餐飲品牌企業」，共青團中央頒發的「中國青年創業實踐基地」、「全國農村青年轉移就業先進單位」，「2005中國餐飲業年度十佳企業」、「國際餐飲名店五星獎」、「國際美食質量金獎」、「中華餐飲名店」、「全國十佳酒家」、「全國十佳餐飲連鎖企業」、「中國餐飲百強」等20多個國家、省市級榮譽稱號。

陶然居集團的創始人兼董事長嚴琦女士是全國餐飲業知名企業家，目前擔任重慶市政協常委、全國婦代會代表、全國青聯委員、重慶市工商聯（總商會）餐飲商會會長、共青團中央中國青年企業家協會副會長等一系列社會職務；先後獲得中共重慶市委、重慶市人民政府頒發的政府綜合最高榮譽獎項「振興重慶爭光貢獻獎」，全國婦女聯合會頒發的「全國三八紅旗手十佳標兵」，共青團中央頒發的「首屆中國青年創業獎」、「首屆中國青業家管理創新獎」（全國餐飲企業家唯一獲獎代表），並作為川菜業代表，被評為「2004中國餐飲業年度十大人物」，是中國女性的傑出代表人物。

7.3.2　陶然居集團的社會責任觀

「縮差共富」既是企業家應肩負起的歷史使命，也是企業家應擔當的社會責任。「一個有遠見卓識的企業家，在打造百年企業的同時，更注重的應是企業與社會的和諧，時刻牢記肩負的社會責任。」陶然居集團的社會責任觀主要體現在以下幾個方面：

（1）培養人才、關愛員工

第一，建立了青年創業就業培訓基地——陶然居廚師培訓學校。

陶然居廚師培訓學校主要培養有一技之長的青年專業人才。培訓基地從建立至今，已累計培訓青年員工30,000餘名，廚師學員15,000餘名，其中，70%的廚師學員在陶然居就業，30%的廚師學員自主創業開店。隨著陶然居在全國連鎖店業務的擴張，技能型青年就業的足跡也走向了全國各地。

第二，積極幫助員工成長成才。

積極幫助企業員工做好發展定位，讓員工在為企業創造效益的同時也進一步提高技能水準；同時，幫助青年員工解決在成長中遇到的實際困難。這是陶然居集團積極幫助員工成長成才的重要手段。

第三，在集團內加強黨建團建工作。

目前，陶然居集團在集團內部設置了團委，作為企業內部的獨立工作部門。面向社會公開招聘素質高、能力強、有共青團工作經歷的年輕幹部作為企業專職團委書記，落實團委書記的政治經濟待遇。通過團委在企業廣泛開展「四個融合」活動，即團的工作與企業生產發展有機融合，團的工作與企業文化建設有機融合，團的工作與企業青年成長成才有機融合，團的工作與企業青年就業創業有機融合。

第四，積極搭建員工交流平臺。

在陶然居集團官方網站的首頁，有一塊專為企業員工打造的員工天地，主要發表一些笑話、心理輔導、名言警句等，讓員工能隨時開心愉悅，還能解答員工的憂愁，激勵員工的心理。

（2）多種舉措，確保產品質量與消費者利益

第一，採取「訂單農業」方式，建立農產品種養殖基地，確保原材料質量。

陶然居集團每年對農產品的需求量大，如田螺2800多噸、老臘肉300多噸、板鴨100多萬只、黃瓜干200多噸、芋頭2500噸、土雞1500多噸、干海椒900多噸、花椒100多噸。

巨大的原料需求也意味著巨大的營運風險。如何從源頭上控制農產品質量是陶然居集團持續發展面臨的一個重要問題，而「農產品種養殖基地」在一定程度上避免了這一風險。如 2011 年 11 月陶然居集團重慶市榮昌的「五萬頭生態豬養殖示範基地」正式投產，董事長嚴琦接受採訪時說道：這次在榮昌建立「五萬頭生態豬養殖示範基地」有幾大目的，首要目的是為了從食品源頭抓起，以農餐無縫對接的方式，確保食品安全。

第二，建立原料加工基地，降低產品成本。

為降低企業的產品成本，陶然居集團在重慶建立了原料加工基地，每年生產豆瓣 200 多噸，味精和雞精 500 多噸，泡椒、泡姜和泡菜等 600 多噸，這些產品統一運至陶然居在全國的分店。

第三，積極打造「透明廚房」。

從 2011 年 4 月 29 日起，陶然居集團投資 120 萬元對旗下 12 家直營店安裝了 500 餘個視頻「電子眼」。目前陶然居集團在重慶市主城區的所有門店，都已經安裝了這樣的視頻監控系統，消費者在餐廳吃飯時，通過視頻圖像可以清楚看到，廚師在廚房裡用了什麼原料、菜是怎麼做出來的。而陶然居集團的管理人員只需打開監視器，就能對廚房的工作進行即時監控。

（3）投身公益，做回報社會的企業家

第一，促進社會就業。

陶然居董事長嚴琦認為，企業應承擔兩大基本的責任之一就是「為社會提供更多的就業崗位，造就高素質的社會人才」。目前，陶然居集團在全國 26 個省市有 93 家大型中餐連鎖店，直接就業員工達 2 萬人，其中 95% 的員工來自於農村；每年培訓就業崗位 1000 人；產業鏈帶動 10 萬個就業崗位。陶然居集團也因此獲得了國務院頒發的「全國農民工工作先進集體」稱號。

第二，積極推動重慶「兩翼」地區經濟發展，帶動農戶增收。

陶然居集團通過「帶品牌下鄉、帶農副產品進城、帶農民工進城」的「三帶」工程，積極推動了重慶「兩翼」地區經濟發展和農戶增收。例如，通過採取「公司＋基地＋農戶」的訂單農業模式，陶然居集團在重慶「兩翼」地區廣泛建立原輔材料生產基地，每年在石柱、秀山和城口等「兩翼」地區採購農副產品2億元；加大了在「兩翼」地區的員工招聘力度，目前在陶然居集團的2萬名員工中，有65%的員工來自於「兩翼」地區，有力地推動了「兩翼」地區經濟發展及農戶增收。

第三，積極投身社會公益事業。

陶然居集團始終以「發展自我，奉獻大眾，回饋社會」作為企業的核心價值觀，「不知道回報社會的僅僅只能稱之為老板，而不能被稱之為企業家。」以下是陶然居集團的部分公益大事記錄：

從2003年開始，陶然居每年拿出20萬元向重慶市婦聯捐資興建1所「陶然居春蕾小學」，至今已有13所。

2002年，在劉伯承元帥的家鄉——開縣捐款修建「陶然居敬老院」。

2003年，為孤兒周敬譙捐贈4萬元使其順利完成四年大學學業。

2004年，在開縣遭遇百年不遇的洪災時，陶然居率先為開縣災民捐助物資，價值累計6萬餘元。

2004年，為鼓勵莘莘學子在大學繼續努力深造，凡考上北大、清華的大學生，每人在陶然居免費領取消費券588元，此舉陶然居共計支付了10萬餘元。

2008年，在四川汶川大地震發生後，集團累計捐款120

餘萬元，參與籌備組建「重慶支援四川災區餐飲服務隊」，選派了由50名廚師所組成的「陶然居抗震救災青年突擊隊」前往重災區安縣實施「粥棚行動」，每天為萬餘名災區軍民供應盒飯，通過切實有效的措施幫助災區人民重建家園。

2012年，向重慶市委統戰部「同心·光彩事業基金」捐款100萬元。

近年來，陶然居還堅持支持重慶榮昌返鄉大學生肖文龍創建生態林養雞場，收購石柱農民工陶思勇種植的辣椒、花椒，幫助他致富。

（4）政協委員，為百姓說話

陶然居集團的社會責任觀還體現在董事長嚴琦作為政協委員對老百姓生活的關注和責任意識。例如，2006年重慶「兩會」期間，作為重慶市政協常委的嚴琦給時任重慶市委書記汪洋寫了一封題為「加快重慶餐飲業經濟發展，創新重慶飲食品牌」的信件，主要陳述了重慶餐飲發展的幾大瓶頸，要求政府為餐飲業鬆綁，將重慶打造為名副其實的「美食之都」，其建言得到了重慶市委和市政府的高度重視。重慶市委和市政府領導多次批示，並最終出抬了包括調低餐飲業的水電氣費，建立餐飲糾紛處理機制，為餐飲業發展提供媒體輿論支持等扶持餐飲業發展的「餐飲十六條」。2008年3月，嚴琦作為第十一屆全國政協委員向本屆政協會議提交了13份政協提案，是在渝全國政協委員中提交提案最多的委員，被媒體送上了「提案大王」的美譽。在所提交的提案中，嚴琦關注更多的是民生問題，如關於低保對象就業暫不停低保待遇的建議、關於預防和遏制家庭「冷暴力」的建議、關於當前失地農民群體分化加劇應予關注的建議、關於降低購房稅費和按揭利息緩解「夾心層」購房難的建議、關於從法律層面禁止公布未成年學生考試成績的建議等。

7.4 重慶德莊實業（集團）有限公司

7.4.1 重慶德莊實業（集團）有限公司簡介

重慶德莊實業（集團）有限公司（以下簡稱「德莊集團」）的前身是創建於1999年的「重慶市德莊飲食文化有限公司」①，註冊資金3000萬元，註冊的企業性質是私營企業，實際上是一家典型的家族企業。經過10餘年的艱苦創業，企業已演變為一家集餐飲產業開發、食品產業開發、物流產業開發、餐飲文化研究的多元化現代民營企業。集團旗下有6個子公司、1個研究所、1所職業培訓學校，擁有大型自營酒樓30餘家，特許加盟店近400家。集團現有資產總額近億元，員工2000餘人，其中大學本科學歷員工60人，大學專科學歷員工128人。2010年，集團實現銷售收入20,422萬元，上繳利稅1309萬元，創造利潤1186萬元，直接為社會提供就業崗位2000多個，通過德莊品牌特許連鎖發展，為社會提供就業崗位2萬多個。

德莊集團自1999年創辦以來，以弘揚中華餐飲文化為己任，以「舉重慶火鍋金牌，夯百年老店基礎，創世界知名品牌」為戰略目標，在業界響亮地提出了「以德經商，以德興莊」的經營理念和「科技興火鍋，綠色興火鍋，文化興火鍋」的發展方針，以「創新再創新」的企業精神，在餐飲業界迅速崛起壯大，先後榮獲「全國餐飲百強企業」、「全國綠色餐飲企業」、「全國餐飲連鎖十佳企業」、「中國商業信用企業」、「重慶市著名商標」、「重慶市農業綜合開發重點龍頭企業」等

---

① 重慶德莊實業（集團）有限公司掛牌成立。

稱號。

　　創建人兼董事長李德建是重慶市政協委員，2006 年被重慶市委、市政府授予「非公有制經濟優秀社會主義建設者」稱號，被評為 2008「十大渝商」，2010 年當選「中國餐飲業傑出人物」。

7.4.2　德莊集團的社會責任觀

　　(1) 積極引導「誠信和責任」的德文化

　　德莊集團作為一家典型的家族企業，創始人兼董事長李德建的理念深深地影響了德莊集團的企業理念。李德建一直堅持「以德興莊、以德經商」的經營理念，倡導「大氣經營、大方讓利」的價值觀念，信奉「人品決定產品，產品是人格的一種延伸產品，是人品與產品質量的統一體」的質量管理理念，強調「創新再創新」的企業精神。他的理念貫穿於整個德莊集團，形成了德莊集團「誠信和責任」的德文化。德莊集團自成立以來就堅持誠信經營，對員工講誠信、對顧客講誠信、對供應商講誠信、對經銷商講誠信、對加盟商講誠信，並將誠信最終歸結到履行社會責任上。以下是德莊集團的部分企業理念。

　　　　德莊企業口號：永遠新鮮的德莊
　　　　德莊企業精神：創新再創新
　　　　德莊經營宗旨：以顧客為中心
　　　　德莊經營理念：以德興莊、以德經商
　　　　德莊價值觀念：大氣經營，大方讓利
　　　　德莊發展方針：科技興火鍋，綠色興火鍋，文化興火鍋
　　　　德莊戰略目標：舉重慶火鍋金牌，夯百年老店基礎，創世界知名品牌
　　　　德莊質量管理理念：人品決定產品，產品是人格的一種延伸產品，是人品與產品質量的統一體。

（2）關愛員工，幫助員工成長

第一，為員工規劃人生，提供培訓，創造發展機遇。

德莊集團擁有自己的培訓學校——德莊職業培訓學校，為加盟商和新入職員工提供職業培訓，並對儲備幹部進行培訓和考核；同時，德莊集團還為員工制定人生規劃，量身定制培訓計劃，為員工的人生發展創造良好機遇。

董事長李德建經常以自己的創業歷程為例，告訴員工如何提高自己的生存能力和創造力，並將自己對創業和就業的獨到見解毫無保留傳授給他們；鼓勵有理想有抱負的年輕人到傳統產業貢獻自己的力量。

德莊集團也非常重視對企業內部人才的培訓和儲備，集團每年投入上百萬元資金開展全方位、多層次的培訓。例如，集團總經理在西南財大學習，連鎖公司和農產品公司總經理在中國人民大學 EMBA 學習；西南大學食品科學學院特地為德莊集團開設一個高級培訓班，有 400 多個學時，集團生產、技術、質檢和督察部門負責人都要去學習；與重慶龍門浩職業中學合作開展一線員工餐飲服務培訓，共同編寫教材，扎紮實實地提升一線員工的服務意識、服務水準和服務質量；針對後續支持人員和市場銷售人員長期在外出差的員工，集團給每人一個帳號，定期考核學習情況；此外，德莊職業培訓學校定期對儲備幹部進行培訓和考核，還對加盟商和新入職員工進行為期兩週的專業培訓。

通過培訓，企業員工對自己的人生進行規劃，未來發展藍圖也明晰起來，可以按部就班地實現自己的理想。德莊集團的很多店經理、中高層領導都是從基層崗位成長起來的。由於餐飲工作對文化要求相對不高，經過簡單培訓即可上崗，這樣就為普通民眾創造了大量的就業上崗機會，也給很多有志於傳統產業的年輕人提供改變人生的機會。

第二，鼓勵員工內部創業，實現人才跨越式發展。

為充分發揮員工的聰明才智，促進企業的快速發展，德莊集團還大力倡導內部創業，投入資金鼓勵員工自己開發產品、找項目，甚至創建子品牌。如德莊調味品系列產品原來品種比較單一，為此集團支持和鼓勵技術部門開展市場調研，自主開發差異化產品，並通過產品效益分紅，充分調動生產技術人員的積極性和創造性。目前，集團已新開發產品四十餘個，使得不同區域市場均有了自己的差異化產品，擴大了市場銷售。同時，也使生產技術人員的創新能力和對市場把握的能力得到了提高。

　　德莊集團還給年輕人提供發展機遇，如目前德莊集團的四個子品牌「青一色火鍋、雨情調、德莊廚娘、蓉李記」都是交給年輕人自主操作、獨立發展。年輕人有活力，有闖勁，知識更新快，有獨特的管理理念和創新意識，這樣的管理團隊更能夠推動子品牌項目的快速發展。目前，青一色火鍋已經開了六家店，發展了二十多個加盟連鎖店；雨情調也開了四家店，以時尚、浪漫的情調積聚了大批粉絲；蓉李記小吃更是在武漢、鄭州、合肥、重慶等地到處開花，發展非常迅速。這些成功加快實現了年輕人的財富夢想和個人抱負。

　　（3）關注產品質量與消費者利益

　　德莊集團成立伊始就恪守「創新再創新」的企業精神和「科技、文化、綠色興火鍋」的發展方針，提倡「綠色、健康、營養」的餐飲食品，以確保產品質量與消費者利益。具體體現在：

　　第一，堅定推行 ISO 9001 質量管理體系的核心理念。

　　2001 年，德莊集團全面建立了 ISO 9001：2000 國際質量管理體系，堅定推行 ISO 9001 質量管理體系的核心理念：首先是以顧客為中心，這是德莊的老傳統；其次是產品標準化，而集中炒料是產品標準化的開始；最後是服務管理程序化、表格化。

第二，加強對加盟店原材料質量的統一控制和管理。

德莊集團對火鍋底料所涉及的原材料有著嚴格的要求。以辣椒為例，德莊集團規定，辣椒的品種必須是河南子彈頭的，並且在色澤、形狀、辣味、籽比例、花殼、水分和二氧化硫等方面作了具體的要求。為了保證牛油品質，德莊集團專門派出技術人員到提煉牛油的原料產地去監督採購，經過熬製、粗過濾、精煉、化驗，各項理化指標均達到國家強制性標準後才進行定型包裝，同時派人到牛油生產基地監控生產過程，牛油驗收嚴格按照國家標準執行。

第三，建立了原材料基地。

為確保原材料質量，德莊集團建立了自己的原材料基地。如依託重慶石柱縣10萬畝辣椒產業基地進行辣椒科技產業開發，在萬州和合川等地建立了500萬只山地烏骨雞養殖示範基地，在南川和永川等地分別建立生薑、方竹筍、豆瓣等原材料生產基地。

（4）為加盟商提供優質服務

除了諮詢、選址、裝修指導、人員培訓、開業支持、物資配送等常規服務之外，德莊集團還積極為加盟店提供後續服務：

第一，在火鍋業界率先實現辦事處管理模式。目前德莊集團的五大辦事處分別駐扎中原、西南、西北、華東、華南片區，讓特許加盟店百分之百覆蓋於辦事處的管理。辦事處堅持「365天、天天在你身邊」的服務理念，保證了服務的及時性、針對性和有效性。

第二，召開加盟商片區會議。定期召開加盟商片區會議。加盟商片區會議的主要目的是交流經營管理經驗，講解公司的新政策，向加盟商推廣新產品等，因而受到了加盟商的歡迎。

第三，完善聯繫方式，讓溝通更加便利。如建立信息發送平臺、建QQ群、推廣普通話、在德莊網站建立「加盟商之

家」的交流平臺等。通過這些措施，方便德莊集團與加盟商之間以及加盟商之間的溝通，讓加盟商隨時瞭解集團的動態，學習更多的經營之道。

德莊：為加盟店提供貼心的服務

一個特許加盟體系是否值得信賴，一個重要標準是看其是否能提供良好的後續服務。而營運團隊在後續服務中起著決定性的作用。德莊特許加盟體系有一支素質優良、作風過硬的營運團隊，為德莊加盟店的經營保駕護航。

德莊投入巨資在全國成立了5大辦事處，還建立了一支高效敬業的營運隊伍。這支100餘人的營運隊伍經過了嚴格的篩選和培訓，具備較高的專業技能和良好的敬業精神。他們恪盡職守，甘於奉獻，竭盡全力保證加盟店的經營。

通常情況下，在德莊加盟店開業前10天，兩位分管廚房和大堂的業務經理便到加盟店進行全面指導和幫助，保證加盟店正常開業。之後，德莊還十分重視加盟店的經營，通過電話、信函、網絡、巡視等方式，瞭解加盟店的經營狀況，提供經營諮詢，促銷策劃，如加盟店需要，德莊將派人前往指導。

四川大英德莊2006年6月之前生意火爆，但從2006年7月起生意開始下滑。經反覆考慮，該店老板初步決定轉讓該店。德莊西南辦事處谷經理知道情況後，迅速來到該店。谷經理首先進行詳細的市場調查，指出該店的不足，提出多項改進方案並配合老板執行；然後，谷經理連續幾天不顧天氣酷熱，親自在廚房裡提油，指導加工菜品等；接下來，谷經理搞了一次非常成功的促銷活動，收到了非常明顯的效果，連續2個月平均每天上客量都超過了35桌（共有27張臺位）。從2006年8月至12月，谷經理4次到該店進行檢查，還經常通過電話詢問經營情況。

陳貴其是德莊的後續支持經理，2007年他共支持8家加

盟店開業，二次支持2家加盟店，足跡遍佈河南、河北、福建、天津、上海等10餘個省市，時間長達192天。他憑藉過硬的業務技能，給加盟店的經營提供了有力的支持。

北方天氣寒冷，導致火鍋店用的煤氣罐內氣壓不足，燃燒產生大量菸塵，而且加大經營成本。因此，多數德莊加盟店只有以燃煤為主要能源，但在火力和工藝要求上又達不到德莊湯料熬制的火候要求。在加盟商一籌莫展時，陳貴其經理放棄休息時間，進行了無數次實驗，研製出了適合北方適用的燃煤竈具，在北方市場得到了推廣和普及。該發明既滿足了熬制德莊湯料對火力的要求，也大大降低了經營成本，每月每店可節約3500元左右，得到了德莊加盟商的高度評價。

劉玲於2001年10月加盟德莊，至2007年12月她成功開辦了7家德莊加盟店，取得了豐厚的回報，多次被評為「中國優秀加盟者」。在談到成功的原因時，劉玲說道：「德莊火鍋有特色，品牌知名度高，管理規範，能夠為加盟店提供強有力的營運支持。」

（資料來源：中國加盟網2008年2月21日）

(5) 積極扶持創業，帶動廣大農戶致富

第一，積極扶持創業。

德莊集團充分發揮品牌優勢和榜樣的力量，指導和支持有一定經濟實力和聰明才智但缺少行業經驗的人創業，為其提供成熟的贏利模式、自主研發的核心產品和強有力的營運支持服務，從創業支撐到營運扶持直至成功。

德莊武漢加盟商張荷英，55歲的她二次創業，選中德莊作為其加盟的品牌。在總部的扶持下，通過複製德莊品牌，張荷英在武漢共開了5家德莊店，是武漢江岸地區的納稅大戶、再就業基地，並獲得了中國連鎖經營協會評選的「全國優秀加盟店」等榮譽。張荷英本人也被評為全國「三八紅旗手」，

並獲得「五一勞動獎章」，成為武漢餐飲業的一面旗幟。受到總部發展思路的啓發，張荷英也在積極尋找新的增長點。2006年6月，她果斷決策，斥巨資買下110畝地，欲建自己的科技園，為大發展奠定基礎。

在河南鄭州，有一個由三位年輕的中國名牌大學畢業生合夥開的加盟店。他們是好朋友，曾經就職於伊利、青島啤酒這樣的大型企業，因為共同的追求而走在一起。他們感受了德莊品牌的獨特魅力，其中一位放棄了去英國深造的機會，將家長給的用於留學的錢作為創業的啓動資金加盟德莊。德莊連鎖公司辦事處的人員為這個店制訂了專門的行銷支持計劃，集團高管特意到這家店鼓勵這些有創業激情、敢於實踐的年輕加盟商。這家店的生意從最初的火爆到開始建立穩定的客源，相信他們會在收穫財富的同時，得到更具價值的人生經驗。

湖北孝感有一家國有企業也通過德莊品牌盤活了資產，重新煥發了生機。該企業是三江航天集團下屬的物業管理公司，因經營不善瀕臨倒閉。為了尋找經營出路，該公司負責人找到了德莊品牌。德莊集團向其灌輸了經營理念、管理模式，鼓勵其轉變經營機制，為其複製德莊火鍋的經營模式，還根據當地的特點，增加涼菜品種，增加自釀啤酒項目，並實行手推車式點菜。該店自2004年1月開業，生意火爆，銷售額每年持續增長，年營業額500多萬元，在當地享有很高的品牌知名度和美譽度。

第二，投身農業產業化建設，帶動廣大農戶增收致富。

實施產業基地建設，解決當地農村剩餘勞動力就業。如2003年，德莊集團在重慶市南岸區茶園新城區徵地68畝，建設現代化食品生產基地，總建設面積21,400平方米，生產火鍋底料等複合調味品、雞精、德莊酒、大宗火鍋菜品等。該生產基地的主要原料均為本地化採購的農產品，占總採購量的80%以上；在重慶市石柱縣建立占地23畝的辣椒科技產業基

地，可年加工處理鮮椒4000噸，生產加工鹽漬椒2000噸、干辣椒500噸。通過生產基地的建設，為社會提供就業機會500餘個。德莊集團也因此多次被評為重慶市「就業再就業先進單位」。

通過訂單農業，帶動廣大農戶增收致富。如德莊集團與重慶市石柱縣大歇村、黃山村、高陽村、龍泉村共4個村13個組的辣椒專業組簽訂辣椒種植協議，按照產品標準進行種植，建立基地3年以來，累計種植辣椒近1萬畝，帶動農戶4190戶，平均每戶年增加收入2600餘元；與重慶市江津區吳灘鎮簽訂青花椒收購合同，累計種植花椒3000畝，帶動農戶328戶，每戶年增加收入3000餘元；此外，德莊集團還在重慶市江津區慈雲鎮建立食用菌種植基地，在重慶市石柱縣馬武鄉建立黃口姜種植基地，從而帶動當地農民增收致富。

(6) 積極投身社會公益事業

德莊集團自創建以來，就一直積極投身社會公益事業。如援建了西藏、黔江等地小學，共捐資百餘萬元；2008年四川汶川地震發生之後，組織60多名德莊志願者第一時間趕往災區，先後在四川省都江堰、彭州和映秀設了六個粥棚點，30多天為災民們送去了15萬餘份熱菜熱飯，解決他們的燃眉之急。

「成就自己、回報社會」。德莊集團在發展中一直強調「德」的文化，強調人文關懷，注重和諧發展，德莊集團也因此獲得了更快的發展。

7.5 重慶周君記火鍋食品有限公司

7.5.1 重慶周君記火鍋食品有限公司簡介

重慶周君記火鍋食品有限公司（以下簡稱「周君記」）的前身是始創於 1993 年的「重慶三九火鍋底料廠」[①]，註冊的企業性質為私營企業，實際上是一家典型的家族企業。1993 年，創始人周英明在重慶市大渡口區重鋼附近的一個 200 平方米的農家小院裡，靠著 5 萬元、3 個工人和 1 口鍋開始了「周君記」的第一步，經過 18 年的艱苦創業，企業現已發展演變成為擁有上萬平方米花園式標準廠房和先進食品加工生產設備及包裝流水生產線，具備年產 3 萬噸以上生產能力的著名調味品生產企業，是西南地區規模最大、機械化程度最高、最具現代化的調味品生產基地。

目前，公司主要生產「周君記」牌火鍋底料、「香水」調料、藥膳滋補炖湯料、方便佐料等 10 餘個系列產品，除在全國 31 個省市地區銷售外，還遠銷加拿大、法國、澳大利亞、新加坡等國家。到 2008 年年底，公司擁有資產總額 5.8 億元，職工 400 餘人，年產值 2.8 億元，年銷售收入 1.28 億元。此外，周君記榮獲全國調味品行業首家「工業旅遊示範點」稱號（2008 年）、火鍋底料行業唯一一家「中國馳名商標」（2009 年）、「全國民營企業關愛員工優秀企業」（2008 年）等稱號。創始人兼董事長周英明也獲得中國調味品協會副會長、

[①] 1997 年，周英明及其他 3 位股東（周英明、夫人、女兒、女婿）出資成立了「重慶周君記火鍋食品有限公司」（註冊資金 1100 萬元）。從 2006 年 7 月開始，重慶三九火鍋底料廠將所有「周君記」系列產品生產、經營、銷售包括「周君記」商標的使用權均轉予重慶周君記火鍋食品有限公司。

○ 中國家族企業社會責任的經驗研究：基於家族涉入視角的分析

重慶市政協委員、重慶市總商會副會長和重慶市十大渝商等榮譽和社會兼職。

周君記從創業之初發展至現在，仍然是一家典型的家族企業。主要體現在：第一，從所有權角度來看，創始人周英明及其家族成員共持有周君記公司100%的股權，分別為周英明、夫人、女婿、女兒四人持有；第二，從企業高管團隊來看，創始人周英明擔任公司董事長，女婿擔任執行董事，女兒周冬梅擔任公司總經理，從外部引入的職業經理人2名，這2人分別擔任公司副總經理，一位副總經理負責銷售、宣傳策劃等事宜，另一位副總經理則負責辦公室行政、旅遊等事宜。周英明及其家族成員掌握企業的管理控制權。

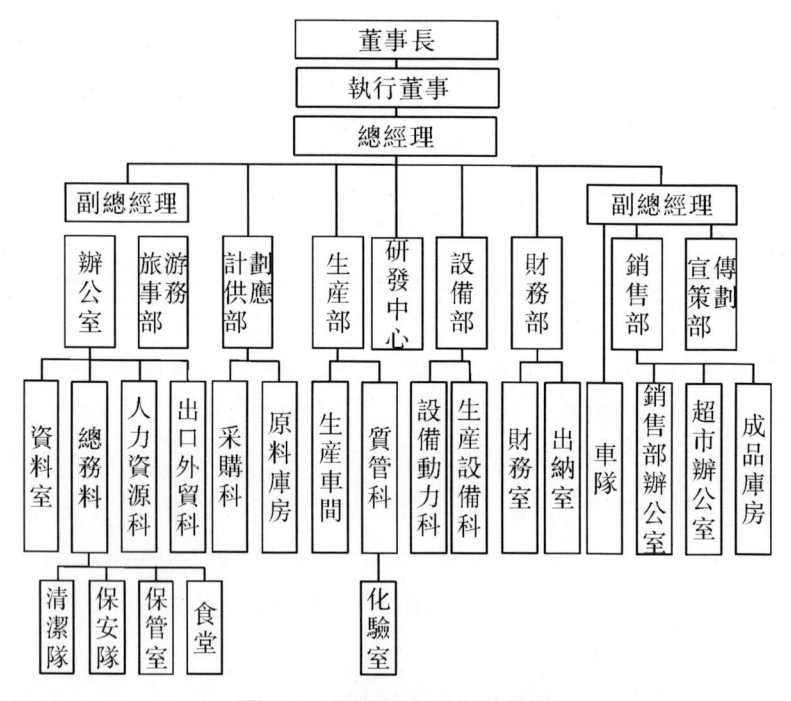

圖7.2　周君記公司組織結構

7.5.2 周君記的社會責任觀

（1）強化員工責任

「人人是人才」，尊重每一名員工的勞動，承認每一名員工的創造，讓不同崗位的員工能充分體會到創造的成就感和自豪感，這是周君記用人理念的集中體現。在用人機制上，周君記主張唯才是舉，注重內部培養；在用人標準上，周君記強調能力為主，品德優先。

目前，周君記與公司所有職工都簽訂了勞動合同，按時發放各類人員的工資，從無拖欠職工工資的現象。為了更好地調動職工的工作積極性，公司把每月工資的小部分納入考核，實行有獎有罰的制度，以激勵職工的工作積極性。每年春節，公司會根據各位職工的表現，評定「企業優秀員工」、「企業先進個人」等，實行精神和物質相結合的鼓勵。公司為全體員工購買了社保、醫保等保險。公司建有籃球場、羽毛球場、乒乓球臺，宿舍每層樓都有娛樂室。每週都安排專人為住廠職工放電影。每逢春節，公司都要開冬季運動會。每逢節日或公司廠慶時，公司都要舉行文藝演出等，讓各位職工展其所長，以調動職工的積極性，豐富職工的業餘生活。

（2）多舉措確保產品質量與消費者利益

周君記自創立以來，始終把產品質量與消費者利益放在重要地位。為確保產品質量與消費者利益，周君記主要採取了以下策略和措施：

第一，建立原材料生產和加工基地。

目前，周君記在重慶市石柱縣、奉節縣和九龍坡區銅罐驛鎮投資2000萬元，建立了無公害原料種植基地和原料加工基地，其中辣椒15,000畝，花椒3000畝，生姜、大蒜各5000畝，胡豆3000畝，具備年產豆瓣20,000噸、泡辣椒6000噸、各種粗加工原料15,000噸的生產能力，基地的建立嚴格按照

GAP要求執行。這種「公司＋基地＋農戶」的現代新型管理模式能夠保證為公司提供優質的、無公害的火鍋底料、調料的農副產品原材料。

第二，周君記綜合管理體系建設。

2011年4月，周君記被重慶市經濟和信息化委員會確定為重慶市誠信體系建設試點單位。為此，公司決定將現有的ISO 9001質量管理體系、HACCP食品安全管理體系及企業誠信管理三大體系梳理整合，形成具有周君記特色的周君記綜合管理體系，旨在更好地推動公司的質量管理、食品安全、誠信體系建設。

（3）積極投身社會公益事業

第一，投身萬元增收工程，帶動庫區農戶致富。

周君記帶頭參與重慶市「兩翼」農戶「萬元增收工程」，帶動庫區農戶致富。例如，在重慶市石柱和奉節縣建立無公害原料種植基地和原料加工基地，基地的建立帶動了庫區相關產業的發展，僅2010年就帶動庫區農戶就業3000戶，共計增收3900萬元。

第二，積極投身於社會公益事業。

例如，1998全國遭受罕見的洪水襲擊，周君記向災區捐贈1萬元；2002年，重慶地區遇暴雨災害，向受災群眾捐獻1萬元；2003年，鄧小平同志100週年誕辰百名將軍書畫展，捐款捐物達20萬元；2004年，印度洋海嘯，向慈善總會捐款1萬元；2005年，向白血病患者捐款6萬元，向貧困黨員捐款1萬元，並捐贈三峽庫區工程款3萬元；2005年，重慶市九龍坡區舉辦「艾佳杯」電視歌手大賽，捐款10萬元；2006年8月，重慶遭遇60年以來罕見的旱災，捐款3萬元；2008年，為四川汶川大地震捐款20萬元；2009年，為青海玉樹地震捐款20萬元；2010年，重慶市農委組織的「綠化長江 保護母親

河」活動，捐款 10 萬元；2011 年，公司慰問交巡警捐款、捐物 36 萬元，向重慶市法律捐助基金會捐款、捐物 50 萬元。周君記從創立至現今共計捐款、捐物達 560 萬元。

7.6 結論與啟示

7.6.1 研究結論

轉型經濟背景與儒家文化傳統下的中國家族企業社會責任意識與行為表現如何？有哪些基本的特徵？與非家族企業相比，家族企業社會責任意識與行為表現是否存在明顯的差異？

本章利用宗申產業集團有限公司、力帆實業（集團）股份有限公司、重慶陶然居飲食文化（集團）有限公司、重慶德莊實業（集團）有限公司、重慶周君記火鍋食品有限公司等典型案例，對轉型經濟背景和儒家文化傳統下的中國家族企業的社會責任實踐進行了較為系統深入的描述，主要關注家族企業的社會責任意識與行為表現，主要結論如下：

第一，現階段中國大中型家族企業具有較好的社會責任意識與行為表現。

五個典型案例研究揭示，現階段中國大中型家族企業社會責任意識與行為表現主要體現在：對企業員工、供應商、銷售商及消費者的責任以及社區/公共責任（包括為社會提供就業崗位、帶動地區經濟發展、慈善捐贈等）；總體上看，現階段中國部分大中型家族企業呈現出較強的社會責任意識與社會責任行為表現。

第二，家族企業主（創始人/所有者/管理者）對家族企業社會責任意識與社會責任行為具有重要的影響。

五個典型案例研究表明，家族企業主（創始人/所有者/

管理者）的「責任」意識直接決定了家族企業的社會責任意識與行為表現，中國家族企業社會責任意識和行為在很大程度上體現了家族企業主（創始人/所有者/管理者）的社會責任意識和行為。主要原因是，中國家族企業典型特徵是所有者家族控制企業大部分的所有權和經營管理權，權力向家族中的一人或整個家族集中，增大了所有者家族控制企業營運和戰略選擇的可能性，而企業社會責任是家族企業的一種差異化的戰略和戰略資源（Mackey, Mackey & Barney, 2007），會顯著地受到家族企業主（創始人/所有者/管理者）社會責任意識的影響。

第三，履行社會責任是家族企業持續成長與發展的動力源泉。

家族企業的社會責任意識和行為通常融入到企業的日常經營活動之中，是家族企業（主）基於企業內外部條件進行理性選擇的必然結果，而履行社會責任則是中國家族企業成長與持續發展的重要動力源泉。一方面，履行社會責任有助於家族企業（尤其是處於創業和發展初期的家族企業）累積更多的社會資本（Besser & Miller, 2001；Dyer & Whetten, 2006）、迅速取得合法地位和社會聲譽，確保家族企業員工的穩定性，並吸納高素質員工（Turban & Greening, 1996），改進並促進家族企業與外部利益相關者的關係（Besser & Miller, 2001）；另一方面，家族企業負責任的社會行為作為企業非自利動機及潛在管理團隊質量的信號顯示（Godfrey, Merrill & Hansen, 2009），能夠在利益相關者及社區產生積極的道德資本（Moral Capital），保護家族企業潛在的關係資產和收入流，避免源於企業營運風險所帶來的經濟價值損失（Dyer & Whetten, 2006；Godfrey, Merrill & Hansen, 2009）。

7.6.2 研究啟示

（1）理論意義

本研究的理論意義集中體現在以下兩個方面：

第一，本研究有助於進一步深化對現階段中國家族企業社會責任意識和行為表現的認識與把握，同時也是對目前國內學術界有關中國家族企業社會責任水準低下觀點的有力反駁。關於中國家族企業社會責任意識和行為，目前國內學術界一種主導性的觀點認為，與非家族企業（如國有企業）相比，中國家族企業普遍缺乏社會責任感，社會責任水準低下。本研究表明，現階段中國部分大中型家族企業往往具有較好的社會責任意識與行為表現。因此，本研究成果必將進一步拓展和豐富相關學術研究領域。

第二，與一般企業類似，家族企業的社會責任意識與行為表現主要體現在對企業的內外部利益相關者（如員工、供應商、銷售商、消費者、社區、政府）的社會責任意識和行為，因此，基於利益相關者角度的中國家族企業社會責任的內涵界定與實證測量，是符合中國家族企業社會責任實踐的。

第三，由於家族企業主（創始人/所有者/管理者）對中國家族企業社會責任意識和行為具有重要的影響，這為研究者提供了重要啟示，這表明有關中國家族企業社會責任問題的研究需要充分考慮家族所有權與管理權、家族文化、家族代際傳承傾向等家族性因素的影響。

第四，本研究表明，履行社會責任是部分大中型家族企業持續成長的重要動力源泉，那麼，家族企業社會責任與小型家族企業成長之間是否也存在上述關係？如果不存在上述關係，則意味著探討家族企業社會責任與企業成長關係有必要區分企業內外部條件（如企業規模、環境的動態性等）分別進行。

(2) 實踐意義

本研究結論對中國家族企業社會責任及家族企業成長實踐有重要啟示：

第一，從治理機制的角度來看，當前過於強調稀釋家族所有權、引入職業經理人擔任企業總經理等公司治理結構改革，對於增強家族企業社會責任意識和行為可能是不利的。

第二，中國家族企業領導人應積極培育「責任」意識，強化對企業內外部利益相關者（如員工、社區等）的社會責任意識和行為，這對家族企業可持續成長與發展具有重要現實意義。當然，由於家族企業履行社會責任可能使企業的資源和管理能力等遠離企業的核心業務領域並承擔額外的成本，尤其是當家族企業分配資源在慈善事業、環境保護和社區發展等公共責任領域時，在短期內可能使企業相對於較少社會行為的企業來說處於一種相對劣勢。因此，不同類型的家族企業需要根據企業的內外部條件進行適當的權衡，選擇恰當的企業社會責任戰略。從長期來看，履行社會責任應該是家族企業持續成長與發展的動力源泉。

(3) 局限性及進一步深入研究的問題

當然，受研究環境和研究者能力的限制，本研究存在一定的局限性。具體體現在以下幾個方面：

第一，本研究側重於對五個典型家族企業的社會責任意識和行為表現進行定性描述，但該描述沒有涉及家族企業社會責任意識和行為的發展演化歷程。

第二，沒有系統深入地研究各個典型家族企業社會責任意識和行為表現的主要影響因素及影響機制，尤其是沒有系統深入地探討家族性因素（如家族權力、家族文化、家族經驗）對各個典型家族企業社會責任意識和行為表現的主要影響及影響機制。事實上，不同類型的家族企業由於家族性特徵的差異性，導致其社會責任意識和行為表現可能存在一定的差異性

(Déniz & Suárez，2005；Dyer & Whetten，2006；Bingham et al.，2011）。

第三，沒有系統深入地研究家族企業社會責任對家族企業成長的主要影響及影響機制。事實上，不同類型家族企業社會責任對家族企業成長的影響可能不同，家族企業社會責任的功效可能存在情境依賴性特徵。

第四，本研究主要選取的是在製造行業、餐飲行業內具有影響力的大中型家族企業，研究結論是否適用於其他行業的家族企業及廣大中小家族企業，這有待於大樣本的實證研究以及對其他行業的相關研究來檢驗。

參考文獻

[1] Abbott W F, Monsen R J. On the measurement of corporate social responsibility: self - reported disclosures as a method of measuring corporate social involvement [J]. The Academy of Management Journal, 1979, 22 (3): 501 -515.

[2] Adams J, Taschian A, Shore T. Ethics in family and nonfamily owned firms: an exploratory study [J]. Family Business Review, 1996, 9 (2): 157 -170.

[3] Amato L H, Amato C H. The effects of firm size and industry on corporate giving [J]. Journal of Business Ethics, 2007, 72 (3): 229 -241.

[4] Anderson R, Reeb D. Founding - family ownership and firm performance: evidence from S & P 500 [J]. Journal of Finance, 2003, 58 (3): 1301 -1327.

[5] Ansoff H I. Corporate strategy [M]. New York: McGraw - Hill, 1965.

[6] Ashforth B E, Mael F A. Social identity theory and the organization [J]. Academy of Management Review, 1989, 14 (1): 20 -39.

[7] Astrachan J H, Klein S B, Smyrnios K X. The F - PEC

scale of family influence: a proposal for solving the family business definition problem [J]. Family Business Review, 2002, 15 (1): 45-58.

[8] Aupperle K, Carroll A, Hatfield J. An empirical examination of the relationship between corporate social responsibility and profitability [J]. Academy of Management Journal, 1985, 28 (2): 446-463.

[9] Banfield E C. Moral basis of a backward society [M]. Glencoe, IL: The Free Press, 1958.

[10] Barnett M L, Salomon R M. Beyond dichotomy: the curvilinear relationship between social responsibility and financial performance [J]. Strategic Management Journal, 2006, 27 (11): 1101-1122.

[11] Baron R M, Keny D A. The moderator-mediator variable distinction in social psychological research: conceptual, strategic, and statistical considerations [J]. Journal of Personality and Social Psychology, 1986, 21 (2): 1173-1182.

[12] Barsade S G. The ripple effect: emotional contagion and its influence on group behavior [J]. Administrative Science Quarterly, 2002, 47 (4): 644-675.

[13] Beal D J, Cohen R R, Burke M J, et al. Cohesion and performance in groups: a metaanalytic clarification of construct relation [J]. Journal of Applied Psychology, 2003, 88 (6): 989-1004.

[14] Beehr T J, Drexler, Faulkner S. Working in small family business: empirical comparisons to non-family business [J]. Journal of Organizational Behavior, 1997, 18 (3): 297-312.

[15] Benavides-Velasco C A, Quintana-Garcia C, Guz-

man – Parra V F. Trends in family business research ［J］. Small Business Economics. July, 2011.

［16］Berger I E, Cunningham P H, Drumwright M E. Identity, identification, and relationship through social alliances ［J］. Journal of the Academy of Marketing Science, 2006, 34 (2): 128 – 137.

［17］Besser T L, Miller N. Is the good corporation dead? The community social responsibility of small business operators ［J］. Journal of Socio – Economics, 2001, 33 (2): 221 – 241.

［18］Bingham J B, Dyer W G Jr, Smith I, et al. A stakeholder identity orientation approach to corporate social performance in family firms ［J］. Journal of Business Ethics, 2011, 99 (2): 565 – 585.

［19］Bird B, Welsch H, Astrachan J H, et al. Family business research: the evolution of an academic field ［J］. Family Business Review, 2002, 15 (4): 337 – 350.

［20］Bowen H R. Social responsibilities of the businessman ［M］. New York: Harper & Row, 1953.

［21］Brammer S, Millington A. Does it pay to be different? An analysis of the relationship between corporate social and financial performance ［J］. Strategic Management Journal, 2008, 29 (2): 1325 – 1343.

［22］Browne S E. Determinants of corporate social performance: an exploratory investigation of top management teams, CEO compensation, and CEO power ［D］. Nova Southeastern University, 2003.

［23］Campbell J L. Why would corporations behave in socially responsible ways? An institutional theory of corporate social responsibility [J]. Academy of Management Review, 2007, 32 (3): 946-967.

[24] Carroll A B. Business and society: ethics and stakeholder management [M]. 2nd ed. Cincinnati, OH: South-Western Publishing Co., 1993.

[25] Carroll A B. Corporate social responsibility [J]. Business and Society Review, 1999, 38 (3): 268-295.

[26] Carroll A B. The pyramid of corporate social responsibility: toward the moral management of organizational stakeholders [J]. Business Horizons, 1991, 34 (4): 39-48.

[27] Carroll A B. Three—dimensional conceptual model of corporate performance [J]. The Academy of Management Review, 1979, 4: 497-505.

[28] Chan K B. State, economy and culture: reflections on the Chinese business networks [A]. in G G Hamilton (ed.). Chinese business network: state, economy and culture [M]. Singapore: Prentice Hall and Nordic institute of Asian Studies, 2000: 1-13.

[29] Charkham J. Corporate governance: lessons from abroad [J]. European Business Journal. 1992, 4 (2): 8-16.

[30] Cheney G. The rhetoric of identification and the study of organizational communication [J]. Quarterly Journal of Speech, 1983, 69 (2): 143-158.

[31] Chrisman J J, Chua J H, Zahra S. Creating wealth in family firms through managing resources: comments and extensions [J]. Entrepreneurship Theory and Practice, 2003, 27 (4): 359-365.

[32] Chua J H, Chrisman J J, Sharma P. Defining family

215

business by behavior [J]. Entrepreneurship Theory and Practice, 1999, 23 (1): 9 - 39.

[33] Clarkson M E. A stakeholder framework for analyzing and evaluating corporate social performance [J]. Academy of Management Review, 1995, 20 (1): 92 - 117.

[34] Coleman J. Social capital in the creation of human capital [J]. American Journal of Sociology, 1990, 94: 95 - 120.

[35] Cromie S, Sullivan S. Women as managers in family firms [J]. Women in Management Review, 1999, 14 (3): 76 - 88.

[36] Danco L A, Ward J L. Beyond success: the continuing contribution of the family foundation [J]. Family Business Review, 1990, 3 (4): 347 - 355.

[37] Davis J, Schoorman F, Donaldson L. Toward a stewardship theory of management [J]. Academy of Management Review, 1997, 22 (1): 47 - 74.

[38] Davis K. Can business afford to ignore social responsibility [J]. California Management Review, 1960, 1 (2): 70 - 76.

[39] Davis K, Blomstrom R L. Business and society: environment and responsibility [M]. 3th Edition. New York: McGraw - Hill, 1975.

[40] Donckels R. Ondernemen in het familiebedrijf [A]. in Scherjon D P, Thurik A R (Eds). Handboek ondernemers en adviseurs in het midden - en kleinbedrijf [M]. Kluwer BedrijfsInformatie, Devanter, 1998.

[41] Donnelly R G. The Family business [J]. Harvard Business Review, 1964, 42 (4): 93 - 105.

[42] Dutton J E, Dukerich J M, Harquail C V. Organizational images and member identification [J]. Administrative Science Quarterly, 1994, 39 (2): 239-263.

[43] Dyer W G Jr, Handler W. Entrepreneurship and family business: exploring the connections [J]. Entrepreneurship Theory and Practice, Fall, 1994, 71-83.

[44] Dyer W G Jr, Whetten D A. Family firms and social responsibility: preliminary evidence from the S & P 500 [J]. Entrepreneurship Theory and Practice, 2006, 30 (6): 785-802.

[45] Déniz M, Suárez M K C. Corporate social responsibility and family business in Spain [J]. Journal of Business Ethics, 2005, 56 (1): 59-71.

[46] Friedman M. Capitalism and freedom [M]. Chicago: University of Chicago Press, 2002 (1962).

[47] Friedman M. The Social responsibility of business is to increase its profits [J]. New York Times Magazine, September13, 1970, 122-126.

[48] Gallo M A. Family business and its social responsibilities [J]. Family Business Review, 2004, 17 (2): 135-149.

[49] Godfrey P C. The Relationship between corporate philanthropy and shareholder wealth: a risk management perspective [J]. Academy of Management Review, 2005, 30 (4): 777-798.

[50] Godfrey P C, Merrill C B, Hansen J M. The relationship between corpoarte socail responsibility and shareholder value: an empirical test of the risk management hypothesis [J]. Strategic Management Journal, 2009, 30 (4): 425-445.

[51] Goll I, Rasheed A A. The moderating effect of environ-

mental munificence and dynamism on the relationship between discretionary social responsibility and firm performance [J]. Journal of Business Ethics, 2004, 49 (1): 41 -54.

[52] Gonzalez M, Martinez C. Fostering corporate social responsibility through public initiative: from the EU to the Spanish case [J]. Journal of Business Ethics, 2004, 55 (3): 275 -293.

[53] Graafland J J. Corporate social responsibility and family business [C]. Research Forum Proceedings of the Family Business Network 13th Annual Conference. Helsinki, Finland, 2002.

[54] Gray R, Kouhy R, Lavers S. Corporate social and environmental reporting: a review of the literature and a longitudinal study of UK disclosure [J]. Accounting, Auditing and Accountability Journal, 1995, 8 (2): 47 -77.

[55] Griffin J J, Mahon J F. The corporate social performance and corporate financial performance debate: twenty - five years of incomparable research [J]. Business and Society, 1997, 36 (1): 5 -31.

[56] Hambrick D C, Finkelstein S. Managerial discretion: a bridge between polar views of organizations [A]. in L L Cummings and Staw B M (ed.). Research in organizational behavior [M]. Greenwich, CT: JAI Press, 1987, 9: 369 -406.

[57] Hamilton G G. Overseas Chinese capitalism [A]. In Wei - Ming Tu (ed.). Confucian traditions in east Asian modernity [M]. Cambridge, Massachusetts: Harvard University Press, 1996.

[58] Heinz D C. Financial correlates of a social measure [J]. Akron Business and Economics Review, 1976, 7 (1):

48 – 51.

[59] Hemingway C A, Maclagan P W. Manager's personal values as drivers of corporate social responsibility [J]. Journal of Business Ethics, 2004, 50 (1): 33 – 44.

[60] Herrmann – Pillath C. Social capital, Chinese style: individualism, relational collectivism and the cultural embeddedness of the institutions – performance link [C]. Frankfurt School of Finance & Management Working Paper, 2009, 132: 1 – 39.

[61] Hite J. Evolutionary processes and paths of relationally embedded network ties in emerging entrepreneurial firms [J]. Entrepreneurship Theory and Practice, 2005, 29 (1): 113 – 144.

[62] Hopkings M. Defining indicators to assess socially responsible enterprises [J]. Future, 1997, 29 (7): 581 – 603.

[63] Hull C E, Rothenberg S. Research notes and commentaries firm performance: the interactions of corporate social performance with innovation and industry differentiation [J]. Strategic Management Journal, 2008, 29 (7): 781 – 789.

[64] Ibrahim N A, Angelidis J P. Effect of board members』 gerder on corporate social responsiveness orientation [J]. Journal of Applied Business Research, 1994, 10 (1): 35.

[65] Ibrahim N A, Howard D P, Angelidis J P. Board members in the service industry: an empirical examination of the relationship between corporate social responsibility orientation and directorial type [J]. Journal of Business Ethics, 2003, 47 (4): 393 – 401.

[66] Jones M T. The institutional determinants of social responsibility [J]. Journal of Business Ethics, 1999, 20 (2): 163 – 179.

[67] Kellermanns F W, Eddleston K A, Sarathy R, et al. Innovativeness in family firms: a family influence perspective [J]. Small Business Economy, 06 March, 2010 (published online).

[68] Kim H R, Lee M, Lee H T, et al. Corporate social responsibility and employee-company identification [J]. Journal of Business Ethics, 2010, 95 (4): 557-569.

[69] Klein S B, Astrachan J H, Smyrnios K X. The F-PEC scale of family influence: construction, validation, and further implication firm theory [J]. Entrepreneurship Theory and Practice, 2005, 29: 321-339.

[70] Larson B V, Flaherty K E, Zablah A R, et al. Linking cause-related marketing to sales force responses and performance in a direct selling context [J]. Journal of the Academy of Marketing Science, 2008, 36 (2): 271-277.

[71] Lee J. Impact of family relationships on attitudes of the second generation in family business [J]. Family Business Review, 2006, 19 (3): 175-191.

[72] Lewin D. Community involvement, employee morale, and business performance [C]. IBM Worldwide Social Responsibility Conference, 1991.

[73] Li W J, Zhang R. Corporate social responsibility, ownership sturcture, and political interference: evidenc from China [J]. Journal of Business Ehics, 2010, 96 (4): 631-645.

[74] Lyman A R. Customer service: does family ownership make a difference [J]. Family Business Review, 1991, 4 (3): 303-324.

[75] Mackey A, Mackey T R, Barney J. Corporate social responsibility and firm performance: investor preferences and corpo-

rate strategies [J]. Academy of Management Review, 2007, 32 (3): 817-835.

[76] Mahoney L S, Thorne L. An examination of the structure of executive compensation and corporate social responsibility: a Canadian investigation [J]. Journal of Business Ethics, 2006, 69 (2): 149-162.

[77] Maignan I, Ralston D A. Corporate social responsibility in Europe & the U. S. : insights from businesses] self-presentations [J]. Journal of International Business Studies, 2002, 33 (3): 497-514.

[78] Manne H G, Wallich H C. The moden corporation and social responsibility [M]. Washington D C : American Enterprise Institute for Public Polocy Research, 1972.

[79] Margolis J D, Walsh J P. Misery loves companies: rethinking social initiatives by business [J]. Administrative Science Quarterly, 2003, 48 (2): 268-305.

[80] Marsden P V. Network data and measurement [J]. Annual Review Sociology, 1990, 16: 435-463.

[81] Martos M C V, Torraleja F A G. Is family business more socially responsible? The case of group CIM [J]. Business and Society Review, 2007, 112 (1): 121-136.

[82] Matten D, Moon J. Implicit and explicit CSR: a conceptual framework for a comparative understanding of corporate social responsibility [J]. Academy of Management Review, 2008, 33 (2): 404-424.

[83] McGuire J B. Business and society [M]. New York: McGraw-Hill, 1963.

[84] McGuire J B, Dow S, Argheyd K. CEO incentives &

corporate social responsibility [J]. Journal of Business Ethics, 2003, 45 (4): 341-359.

[85] McWilliams A, Siegel D. Corporate social responsibility and financial performance: correlation or misspecification? [J]. Strategic Management Journal, 2000, 21 (5): 603-609.

[86] Mitchell R K, Agel B R, Wood D J. Toward a theory of stakeholder identification and salience: defining the principle of who and what really counts [J]. Academy of Management Review, 1997, 22 (4): 853-886.

[87] Morck R, Yeung B. Family control and the rent-seeking society [J]. Entrepreneurship Theory and Practice, 2004, 28 (4): 391-409.

[88] Moscetello L. The pitcairns want you [J]. Family Business Magazine, 1990, 2: 3-15.

[89] Moskowitz M R. Choosing socially responsible stocks [J]. Business & Society, 1972, 72 (1): 71-76.

[90] Niebm L S, Swinney J, Miller N J. Community social responsibility and its consequences for family business performance [J]. Journal of Small Business Management, 2008, 46 (30): 331-350.

[91] Orlitzky M, Schmidt F, Rynes S. Corporate social and financial performance: a meta-analysis [J]. Organization Studies, 2003, 24 (3): 403-441.

[92] O'Boyle E H, Matthew W R Jr, Pollack J M. Examining the relation between ethical focus and financial performance in family firms: an exploratory study [J]. Family Business Review, 2010, 23 (4): 310-326.

[93] O'Neill H, Saunders C, McCarthy A. Board members

background characteristics & their level of corporate social responsiveness: a multivariate investigation [C]. Academy of Management Best Papers Proceedings, 1989: 32 – 38.

[94] Pancer S M, Baetz M C, Rog E. Developing an effective corporate volunteer program: lessons from the Ford Motor Company of Canada experience [C]. Toronto: Canadian Center for Philanthropy, 2002.

[95] Park S H, Luo Y D. Guanxi and organizational dynamics: organizational networking in Chinese firms [J]. Strategic Management Journal, 2001, 22 (5): 455 – 477.

[96] Peterson D K. Benefits of participation in corporate volunteer programs: employees perceptions [J]. Personnel Review, 2004, 33 (6): 615 – 627.

[97] Prahalad C K, Hamel G. The core competence of the corporation [J]. Harvard Business Review, 1990, 68 (2): 79 – 91.

[98] Preston L E, Post J E. Measuring corporate responsibility [J]. Journal of General Management, 1975, 2 (3): 45 – 52.

[99] Quazi A M, O'Brien D. An empirical test of a cross – national model of corporate social responsibility [J]. Journal of Business Ethics, 2000, 25 (1): 33 – 51.

[100] Ram M, Holliday R. Relative merits: family culture and kinship in small firms [J]. Sociology, 1993, 27 (4): 629 – 648.

[101] Redding G. Weak organization and strong linkages: managerial ideology and Chinese family business networks [A]. In G G. Hamilton (ed.). Business networks and economic devel-

opment in east and southeast Asian [M]. Hong Kong, Centre of Asian Studies, University of Hong Kong, 1991, 30-47.

[102] Rodrigo P, Arenas D. Do employees care about CSR programs? A typology of employees according to their attitudes [J]. Journal of Business Ethics, 2008, 83 (2): 265-283.

[103] Ruf BM, Muralidhar K, Paul K. The development of a systematic aggregate measure of corporate social performance [J]. Journal of Management, 1998, 24 (1): 119-133.

[104] Salvato C. Towards a stewardship theory of the family firm [C]. Research Forum Proceedings of the Family Business Network 13th Annual Conference, Helsinki, Finland, 2002.

[105] Scase R, Goffe R. The real world of the small business owner [M]. London: Groom Helm, 1980.

[106] Sethi S P. Dimensions of corporate social performance: an analyic framework [J]. California Management Review, 1975, 17 (3): 58-64.

[107] Sheldon O. The philosophy of management [M]. London: Isaac Pitman Sons, 1924.

[108] Sirmon D G, Hitt M A. Managing resources: linking unique resources, management, and wealth creation in family firms [J]. Entrepreneurship Theory and Practice, 2003, 27 (4): 339-358.

[109] Steier L. Variants of agency contracts in family financed ventures as a continuum of familial altruistic and market rationalities [J]. Journal of Business Venturing, 2003, 18 (5): 597-618.

[110] Sturdivant F D, Grinter J L. Corporate social responsiveness: management attitudes and economic performance [J].

California Management Revies, 1977, 19 (3): 30 – 39.

[111] Tan J. Institution structure and firm social performance in transitional economies: evidence of multinational corporations in China [J]. Journal of Business Ethics, 2010.

[112] Thomas A, Simerly R. Internal determinants of corporate social performance: the role of top managers [C]. Academy of Management Journal Proceedings, 1995: 411 – 415.

[113] Turban D B, Greening D W. Corporate social performance and organizational attractiveness to prospective employees [J]. Academy of Management Journal, 1996, 40 (3): 658 – 673.

[114] Turker D. How corporate social responsibility influences organizational commitment [J]. Journal of Business Ethics, 2009, 89 (2): 189 – 204.

[115] Ullmann A A. Data in search of a theory: a critical examination of the relationships among social performance, social disclosures, and economic performance of U. S. firms [J]. Academy Management Review, 1985, 10 (3): 540 – 557.

[116] Vallejo M C. The effects of commitment of non – family employees of family firms from the perspective of stewardship theory [J]. Journal of Business Ethics, 2009, 87 (3): 379 – 390.

[117] Vallejo M C, Langa D. Effects of family socialization in the organizational commitment of the family firms from the moral economy perspective [J]. Journal of Business Ethnics, 2010, 96 (1): 49 – 62.

[118] Vance S G. Are socially responsible corporations good investment risks? [J]. Management Review, 1975, 64 (8): 18 – 24.

[119] Waddock S A, Graves S B. The corporate social performance – financial performance link [J]. Strategic Management Journal, 1997, 18 (4): 303 –319.

[120] Walls J L, Phan P, Berrone P. A longitudinal study of the link between corporate governance and environmental strategy [C]. Paper presented at the 66th Annual Meeting of the Academy of Management, Philadelphia, August, 2007: 3 –8.

[121] Wartick S L, Cochran P L. The evolution of the corporate social performance model [J]. Academy of Management of Review, 1985, 10 (4): 758 –769.

[122] Wheeler D, Maria S. Including the stakeholders: the business case [J]. Long Range Planning, 1998, 31 (2): 201 –210.

[123] Whetten D A, Mackey A. An identity – congruence explanation of why firms would consistently engage in corporate social performance [C]. Working Paper. Brigham Young University, Provo, UT, 2005.

[124] Wilson L. What one company is doing about today's demands on business [A]. In G Steiner (ed.). UCLA conference on changing business – society relationships [C]. Los Angles: Graduate School of Management, UCLA, 1975.

[125] Wokutch R E, Mckinney E W. Behavioral and perceptual measures of corporate social performance [A]. in J E Post (ed.). Research in corporate social performance and policy [C]. 1991, 12: 309 –330.

[126] Wood D J. Corporate social performance revisited [J]. The Academy of Management Review, 1991, 16 (4): 691 –717.

［127］Wood D J, Jones R E. Stakeholder mismatching: a theoretical problem in empirical research on corporate social performance［J］. The International Journal of Organizational Analysis, 1995, 3（3）: 229-267.

［128］Wright P, Ferris S. Agency conflict and corporate strategy: the effect of divestment on corporate value［J］. Strategic Management Journal, 1997, 18（1）: 77-83.

［129］Ylvisaker P N. Family foundations: high risk, high reward［J］. Family Business Review 1990, 3（4）: 331-335.

［130］Zahra A, George G. Absorptive capabilities: a review, reconceptualization, and extension［J］. Academy of Management Review, 2002, 27（2）: 185-203.

［131］Zahra S, Stanton W. The implication of board of directors』composition for corporate strategy & performance［J］. International Journal of Management, 1988, 5: 261-272.

［132］Zahra S A. Entrepreneurial risk taking in family firms［J］. Family Business Review, 2005, 18（1）: 3-40.

［133］Zahra S A, Hayton J C, Neubaum D O, et al. Culture of family commitment and strategic flexibility: the moderating effect of stewardship［J］. Entrepreneurship Theory and Practice, 2008, 32（6）: 1035-1047.

［134］Zu L, Song L. Determinants of managerial values on corporate social responsibility : evidence from China［J］. Journal of Business Ethics, 2009, 88（Supplement）: 105-117.

［135］（美）阿爾弗·雷德·錢德勒（Chandler A D）. 看得見的手——美國企業的管理革命［M］. 重武, 譯. 北京: 商務印書館, 1987.

［136］陳宏輝. 企業利益相關者的利益要求: 理論與實證

研究［M］．北京：經濟管理出版社，2004．

［137］陳凌，魯莉劼，朱建安．中國家族企業成長與社會責任——第四屆「創業與家族企業成長」國際學術研討會側記［J］．管理世界，2008（12）：16-19．

［138］陳旭東，餘遜達．民營企業社會責任意識的現狀與評價［J］．浙江大學學報（人文社會科學版），2007（2）：69-78．

［139］儲小平．職業經理與家族企業的成長［J］．管理世界，2002（4）：100-108．

［140］賈生華，陳宏輝．利益相關者的界定方法述評［J］．外國經濟與管理，2002（5）：13-18．

［141］姜萬軍，楊東寧，周長輝．中國民營企業社會責任評價體系初探［J］．統計研究，2006（7）：32-36．

［142］金立印．企業社會責任運動測評指標體系實證研究：消費者視角［J］．中國工業經濟，2006（6）：114-120．

［143］克林·蓋爾西克（Kelin E. Gersick），等．家族企業的繁衍［M］．賀敏，譯．北京：經濟日報出版社，1998．

［144］李紅岩，李玉華．家族企業社會責任及其規制［J］．當代世界與社會主義，2010（3）：152-153．

［145］李立清，李燕凌．企業社會責任研究［M］．北京：人民出版社，2005．

［146］李新春．經理人市場失靈與家族企業治理［J］．管理世界，2003（4）：87-95．

［147］劉江．家族企業社會責任的內容及特性［J］．企業改革與管理，2008（3）：11-12．

［148］馬麗波，張健敏，呂雲杰．社會責任與家族企業生命週期［J］．財經問題研究，2009（3）：56-63．

［149］馬慶國．管理統計［M］．北京：科學出版

社，2002.

[150] 沈洪濤. 公司社會責任與公司財務績效關係研究[D]. 廈門：廈門大學博士學位論文，2005.

[151] 沈洪濤，沈義峰. 公司社會責任思想：起源與演變[M]. 上海：上海人民出版社，2007

[152] 石軍偉，胡立君，付海豔. 企業社會責任、社會資本與組織競爭優勢：一個戰略互動視角[J]. 中國工業經濟，2009（11）：87-98.

[153] 文革，史本山，張權林. 中國家族企業社會責任與可持續發展的系統基模分析[J]. 軟科學，2009，23（7）：65-67.

[154] 吳明隆. SPSS 統計應用實務[M]. 北京：科學出版社，2003.

[155] 謝文武，許曉. 家族企業治理結構對於企業社會責任的影響研究[J]. 現代城市，2010，5（2）：35-38.

[156] 辛杰. 企業社會責任研究：一個新的理論框架與實證分析[M]. 北京：經濟科學出版社，2010.

[157] 徐尚昆，楊汝岱. 企業社會責任概念範疇的歸納性分析[J]. 中國工業經濟，2007（5）：71-79.

[158] 顏節禮，朱晉偉. 榮氏家族企業的誠信理念、社會責任及啟示[J]. 商業經濟與管理，2011，237（7）：37-42.

[159] 楊國樞. 中國人的社會取向：社會互動的觀點[A]. 楊國樞、餘安邦主編. 中國人的心理與社會行為——理念及方法篇[M]. 臺北：巨流圖書公司，1993.

[160] 張彤. 家族企業履行社會責任與其市場價值的相關性研究[D]. 廣州：華南理工大學碩士學位論文，2011.

[161] 鄭海東. 企業社會責任行為表現：測量維度、影響因素及對企業績效的影響[D]. 杭州：浙江大學博士學位論

文, 2007.

[162] 鄭奇磷, 趙秦蓮. 論家族企業的社會責任 [J]. 科技情報開發與經濟, 2004, 14 (8): 204 - 205.

[163] 周立新. 家族企業網絡化成長模式對企業成長的影響及機制: 基於東西部地區的實證 [J]. 南開管理評論, 2009 (3): 74 - 83.

[164] 左偉, 盧瑞華, 歐曉明. 家族企業社會責任構建研究 [C]. 杭州: 第四屆創業與家族企業成長國際學術研討會論文集, 2008: 55 - 65.

附錄：企業調查問卷

企業家朋友，您好！

　　本問卷是重慶工商大學長江上游經濟研究中心所承擔的教育部人文社會科學規劃研究項目的一個專題調研，旨在瞭解中國東西部地區民營企業社會責任實踐的基本情況，為促進民營企業可持續成長提供決策依據。非常感謝您抽出寶貴的時間，幫助我們完成此次調查問卷！

　　一、企業基本情況

　　1. 貴企業創立於＿＿＿＿＿＿＿＿年；所處最主要的行業是＿＿＿＿＿＿＿＿＿＿＿＿＿；

　　企業位於＿＿＿＿省（市）＿＿＿＿區（市/縣）；是不是改制企業或收購企業？　□是　　□否

　　2. 貴企業 2009 年年底有員工＿＿＿＿＿人；資產總額為＿＿＿＿＿萬元；

　　銷售總額為＿＿＿＿＿＿＿＿萬元

　　3. 貴企業主要是一家：

　　□原材料供應商　□中間產品（零部件）生產商

　　□成品生產（總裝）商　　□銷售商或代理商

　　4. 與同行業處於同一發展階段的其他企業相比，貴企業

近三年的銷售額增長情況：

　　□減少很多　　　□減少較多　　　□變化不大

　　□增加較多　　　□增加很多

5. 與同行業處於同一發展階段的其他企業相比，貴企業近三年的利潤增長情況：

　　□虧損很多　　　□虧損較多　　　□變化不大

　　□增長較多　　　□增長很多

6. 與同行業處於同一發展階段的其他企業相比，貴企業近三年的市場份額增長情況：

　　□縮小很多　　　□縮小較多　　　□變化不大

　　□擴大較多　　　□擴大很多

7. 與同行業處於同一發展階段的其他企業相比，貴企業近三年的員工士氣：

　　□很低　　□較低　　□中等　　□較高　　□很高

8. 與同行業處於同一發展階段的其他企業相比，貴企業近三年的顧客滿意度：

　　□很低　　□較低　　□中等　　□較高　　□很高

9. 請您估計貴企業近三年的銷售額增長率平均約為_____%；利潤增長率平均約為_____%。

10. 貴企業老闆的年齡：

　　□35歲以下　　□36～45歲　　□46～55歲　　□55歲以上

11. 貴企業老闆的文化程度是：

　　□小學及以下　　□初中　　□高中（含中專、技校）

　　□大學專科　　　□大學本科　　□研究生

12. 貴企業老闆在本行業工作的年限：

　　□1～3年　　□4～8年　　□9～14年　　□15年以上

二、家族涉入要素的識別

（註：家族成員是指父母、子女、配偶、兄弟姊妹、兄弟姐妹的配偶，或配偶的兄弟姐妹及其他親屬）

1. 家族權力

A. 目前貴企業老板持有本企業股份的比例_____%，老板的家族成員持有本企業股份比例為%

B. 貴企業屬於部門經理以上的高層管理人員一共有_____人；其中，老板的家族成員有_____人（沒有請填 0），家族成員的具體職位、職位任期分別是_____

C. 貴企業的總裁、總經理是不是老板本人或老板的家族成員？
□是　　　□否

2. 家族經驗

A. 貴企業目前是否由第一代創業者佔有？
□是　　　□否

B. 貴企業目前是否由第一代創業者管理？
□是　　　□否

C. 貴企業的新任/下一代領導人是（或將會是）：
□老板兒子　　□老板女兒　　□其他家族成員
□非家族成員

3. 家族文化與價值觀：請結合您的感受和體會，逐一作出判斷

　　　　　　　　　　　　　很不同意　一般　非常同意

與老板「血緣」關係越近的人員做事更令老板放心	1	2	3	4	5
與老板有親戚、朋友、同學、同鄉等關係的人員做事更令老板放心	1	2	3	4	5

與老板「血緣」關係越近的人員做事更令老板放心	1	2	3	4	5
老板信任親友，不擔心他們會利用機會謀取私利	1	2	3	4	5
老板的家族成員很願意在家族企業中工作	1	2	3	4	5
老板的家族成員關心家族企業的前途和命運	1	2	3	4	5
老板的家族員工以自己是家族企業的一部分而感到自豪	1	2	3	4	5
老板的家族成員理解並支持關於企業長期發展的決策	1	2	3	4	5
老板的家族成員對企業的目標、計劃和政策能達成一致	1	2	3	4	5
老板的家族成員願意付出超過正常預期的努力來確保家族企業的成功	1	2	3	4	5

三、企業社會責任的測量與評價

請結合您的感受和體會，逐一作出判斷

很不同意　　一般　　非常同意

創造經濟財富是企業的根本責任	1	2	3	4	5
承擔社會責任會進一步提升企業的形象和聲譽	1	2	3	4	5
承擔社會責任會增加企業的成本	1	2	3	4	5
企業社會責任是企業發展到一定階段才能顧及的	1	2	3	4	5
企業社會責任是企業基本責任之外的責任	1	2	3	4	5
投資者對貴企業的投資回報非常滿意	1	2	3	4	5
貴企業及時向投資者提供全面真實的信息	1	2	3	4	5
貴企業實施的高層管理人員薪酬政策在本地有競爭力	1	2	3	4	5

創造經濟財富是企業的根本責任	1	2	3	4	5
貴企業高層管理人員深得所有者信任且人際關係融洽	1	2	3	4	5
貴企業按新勞動法與全部員工都簽訂了勞動合同	1	2	3	4	5
貴企業員工的平均工資水準在本地有競爭力	1	2	3	4	5
貴企業能夠及時足額地發放各類員工的工資	1	2	3	4	5
貴企業對員工的非自願性工作給予了合理的報酬	1	2	3	4	5
貴企業員工發生職業病和工傷事故數目比同行少	1	2	3	4	5
貴企業對員工的教育培訓比同行好	1	2	3	4	5
貴企業按時足額償還企業的所有債務	1	2	3	4	5
貴企業與債權人合作關係穩定並注重長期合作	1	2	3	4	5
貴企業按時足額支付供應商的貨款	1	2	3	4	5
貴企業採購過程中各供應商參與交易的機會平等	1	2	3	4	5
貴企業按合同規定穩定及時地為各分銷商供貨	1	2	3	4	5
貴企業在同業競爭中遵守公平競爭原則	1	2	3	4	5
貴企業為消費者提供安全和質優的產品或服務	1	2	3	4	5
貴企業向消費者提供的產品信息全面真實沒有誤導	1	2	3	4	5
貴企業能迅速處理消費者的抱怨、退貨和賠償要求	1	2	3	4	5
貴企業能妥善處理生產生活中產生的各種廢棄物和危險品	1	2	3	4	5

創造經濟財富是企業的根本責任	1	2	3	4	5
貴企業積極從事慈善事業，盡可能多地為社會提供捐贈	1	2	3	4	5
貴企業關注經濟上處於弱勢的群體，並經常提供各種幫助	1	2	3	4	5
貴企業積極為本地文教事業等公益事業提供經濟支持	1	2	3	4	5
貴企業的就業機會在同等條件下優先照顧當地社區	1	2	3	4	5
貴企業不干擾企業所在社區居民的正常生活	1	2	3	4	5
貴企業及時足額繳納各種稅款	1	2	3	4	5
貴企業遵守各項法律法規並依此要求員工	1	2	3	4	5
貴企業遵守社會規範和倫理傳統並依此要求員工	1	2	3	4	5

國家圖書館出版品預行編目（CIP）資料

中國家族企業社會責任的經驗研究：基於家族涉入視角的分析
/ 周立新 著. -- 第一版. -- 臺北市：財經錢線文化發行：崧博, 2019.12
　　面；　公分
POD版

ISBN 978-957-735-962-9(平裝)

1.企業社會學 2.家族企業 3.中國

490.15　　　　　　　　　　　　　　　　　　108018199

書　　名：中國家族企業社會責任的經驗研究：基於家族涉入視角的分析
作　　者：周立新 著
發 行 人：黃振庭
出 版 者：崧博出版事業有限公司
發 行 者：財經錢線文化事業有限公司
E - m a i l：sonbookservice@gmail.com
粉 絲 頁：　　　　　網　址：
地　　址：台北市中正區重慶南路一段六十一號八樓 815 室
8F.-815, No.61, Sec. 1, Chongqing S. Rd., Zhongzheng
Dist., Taipei City 100, Taiwan (R.O.C.)
電　　話：(02)2370-3310 傳　真：(02) 2388-1990
總 經 銷：紅螞蟻圖書有限公司
地　　址：台北市內湖區舊宗路二段 121 巷 19 號
電　　話：02-2795-3656 傳真：02-2795-4100　　網址：
印　　刷：京峯彩色印刷有限公司（京峰數位）

　　本書版權為西南財經大學出版社所有授權崧博出版事業股份有限公司獨家發行電子書及繁體書繁體字版。若有其他相關權利及授權需求請與本公司聯繫。

定　　價：450 元
發行日期：2019 年 12 月第一版
◎ 本書以 POD 印製發行